普通高等专科教育机电类规划教材

机械工业出版社精品教材

机床夹具设计

第 2 版

主　编　肖继德
　　　　陈宁平
参　编　王懋荣
主　审　刘友才

机 械 工 业 出 版 社

本教材主要内容包括：工件的装夹、专用夹具的设计方法、钻床夹具、车床夹具、镗床夹具以及其它机床夹具。

本教材将机床夹具的原理与机床夹具的元件、通用装置和专用夹具的设计结合为一体，建立了机床夹具设计的新体系。本教材在工作的定位、加工精度分析等方面有所创新，并增加了定位误差的微分法计算、高效车床夹具、自动线随行夹具等新内容。设计示例比较典型，内容充实，文字精炼，全部采用最新国家标准。

本教材适用于授课时数为 24~40 的教学，学时少的可只讲前面两章和车、铣两个典型夹具示例即可。因此，本教材适用于高等专科学校、成人大专及中等专科学校等机电类专业不同层次的教学需要，也可供从事机械制造、机械设计的工程技术人员参考。

本教材配有电子课件，可登录机械工业出版社教材服务网 www.cmpedu.com 下载，或发送电子邮件至 empgaozhi@sina.com 索取。咨询电话：010-88379375

图书在版编目（CIP）数据

机床夹具设计/肖继德，陈宁平主编.— 2版.— 北京：机械工业出版社，2000.5（2024.1重印）

普通高等专科教育机电类规划教材

ISBN 978-7-111-05722-2

Ⅰ. 机… Ⅱ. ①肖…②陈… Ⅲ. 机床夹具—设计—专业学校—教材 Ⅳ. TC750.2

中国版本图书馆CIP数据核字（1999）第55878号

机械工业出版社（北京市百万庄大街22号 邮政编码100037）

责任编辑：王海峰 宋学敏 赵爱宁

版式设计：霍永明 责任校对：李秋荣

封面设计：饶 薇 责任印制：李 洋

三河市国英印务有限公司印刷

2024年1月第2版第51次印刷

184mm×260mm·12.25印张·292千字

标准书号：ISBN 978-7-111-05722-2

定价：32.00元

第 1 版 前 言

《机床夹具设计》是根据高等专科学校机械制造专业教材编审委员会（以下简称编委会）审定的指导性教学计划和机床夹具设计教学大纲，由编委会组织编审和推荐出版的教材。

本书以培养学生夹具设计能力为主线，建立了机床夹具教材的新体系。教材的前两章介绍了夹具设计的基本原理、原则和方法，后面几章通过典型夹具的分析和设计，将机床夹具的原理与机床夹具的元件、通用装置和专用夹具的设计结合成一体，以利于培养学生的夹具设计能力。本书在工件的定位、加工精度分析等方面有所创新，并增加了机床夹具的经济分析、计算机辅助设计、计算机数据处理及数控机床夹具等新内容，反映了机床夹具的发展方向。本书力求做到结构合理，内容充实，文字精炼，贯彻由浅入深、反复应用的原则。

本书适用于授课时数为24～40学时的教学。学时少时，可只讲前面两章和车、铣两个典型夹具示例；学时多时，可以结合《机床夹具图册》，多举几个设计实例。本书与孟宪栋、刘彤安主编的《机床夹具图册》配套使用。

本书由湘潭机电专科学校刘友才副教授、江南大学肖继德副教授主编。刘友才编写绪论、第一章、附录，肖继德编写第二、三、六、七章，洛阳建材专科学校杨芬瑞编写第四、五章。本书由省级有突出贡献的专家、哈尔滨机电专科学校陈德祺副教授主审，并得到上海机械专科学校张忠庚校长、沈阳冶金机械专科学校孙奎武教授、王志福高级工程师、北京机械工业学院李庆寿副教授、郑州机械专科学校张运中副教授以及其他学校、工厂有关专家的审查和指导，在此一并表示衷心感谢。

由于我们水平有限，缺点和错误在所难免，恳请广大读者批评指正。

编　者

第 2 版 前 言

《机床夹具设计》第 2 版是由全国高等工程专科学校机械工程类专业教学指导委员会根据普通高等专科教育机电类"九五"教材规划组织编写的。

《机床夹具设计》第 1 版自 1992 年出版后，深受各高等专科学校、成人大专院校及中等专科学校机械专业师生的欢迎，已重印 6 次，印数达 12 万余册。为了跟上机械工业发展的步伐，进一步提高教学质量，我们在保持原教材特色的前提下，对其内容做了更新和改写。本教材修改了原教材中的一些不足和缺点；更新了标准（采用 1991 年的夹具标准）；更新和增加了与现代制造技术有关的新内容，如更新了夹具经济分析、夹具 CAD 及车床夹具内容，增加了用微分法计算定位误差的示例、高效车床夹具、数控机床夹具和自动线随行夹具的内容，并对定位方式及钻模分类等提出了新看法。本教材尽可能采用最新资料和技术，力求做到结构合理、内容充实、文字精炼、贯彻由浅入深、反复应用的原则。

本教材由江南学院（前江南大学）肖继德、南京金陵职业大学陈宁平任主编，肖继德编写绪论、第二、三、七章和附录，陈宁平编写第四、五、六章，湘潭机电专科学校王懋荣编写第一章，由湘潭机电专科学校刘友才任主审。

在本教材编写过程中，济南大学夹具研究所钟康民所长提供了较多的资料，此外江南学院、江西南昌高等专科学校、宁波高等专科学校、上海机械高等专科学校、哈尔滨理工大学工业技术学院、无锡机床厂等学校和工厂的专家们为本教材的修订工作提供了宝贵的意见，在此谨致谢意。

由于编者水平有限，缺点和错误在所难免，恳请读者批评指正。

编　者

目　　录

绪　　论

夹具是机械制造厂里使用的一种工艺装备，分为机床夹具、焊接夹具、装配夹具及检验夹具等。

各种金属切削机床上用于装夹工件的工艺装备，称机床夹具，如车床上使用的三爪自定心卡盘、铣床上使用的平口虎钳等。

一、机床夹具在机械加工中的作用

对工件进行机械加工时，为了保证加工要求，首先要使工件相对于刀具及机床有正确的位置，并使这个位置在加工过程中不因外力的影响而变动。为此，在进行机械加工前，先要将工件装夹好。

工件的装夹方法有两种：一种是工件直接装夹在机床的工作台或花盘上；另一种是工件装夹在夹具上。

采用第一种方法装夹工件时，一般要先按图样要求在工件表面划线，划出加工表面的尺寸和位置，装夹时用划针或百分表找正后再夹紧。这种方法无需专用装备，但效率低，一般用于单件和小批生产。批量较大时，大都用夹具装夹工件。

用夹具装夹工件有下列优点：

（1）能稳定地保证工件的加工精度　用夹具装夹工件时，工件相对于刀具及机床的位置精度由夹具保证，不受工人技术水平的影响，使一批工件的加工精度趋于一致。

（2）能提高劳动生产率　使用夹具装夹工件方便、快速，工件不需要划线找正，可显著地减少辅助工时，提高劳动生产率；工件在夹具中装夹后提高了工件的刚性，因此可加大切削用量，提高劳动生产率；可使用多件、多工位装夹工件的夹具，并可采用高效夹紧机构，进一步提高劳动生产率。

（3）能扩大机床的使用范围　要镗削图 0-1 所示机体上的阶梯孔，如果没有卧式铣镗床和专用设备，可设计一夹具在车床上加工，其加工情况如图 0-2 所示。

夹具安装在车床的床鞍上，通过夹具使工件的内孔与车床主轴同轴，镗杆右端由尾座支承，左端用三爪自定心卡盘夹紧并带动旋转。

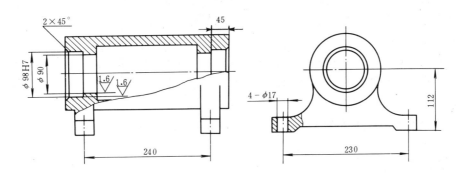

图 0-1　机体镗孔工序图

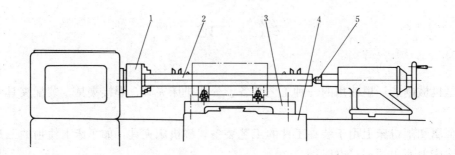

图 0-2　在车床上镗机体阶梯孔示意图

1—三爪自定心卡盘　2—镗杆　3—夹具　4—床鞍　5—尾座

（4）能降低成本　在批量生产中使用夹具后,由于劳动生产率的提高、使用技术等级较低的工人以及废品率下降等原因,明显地降低了生产成本。夹具制造成本分摊在一批工件上,每个工件增加的成本是极少的,远远小于由于提高劳动生产率而降低的成本。工件批量愈大,使用夹具所取得的经济效益就愈显著。

二、机床夹具的分类

机床夹具的种类繁多,可以从不同的角度对机床夹具进行分类。常用的分类方法有以下几种。

1.按夹具的使用特点分类

（1）通用夹具　已经标准化的,可加工一定范围内不同工件的夹具,称为通用夹具,如三爪自定心卡盘、机床用平口虎钳、万能分度头、磁力工作台等。这些夹具已作为机床附件由专门工厂制造供应,只需选购即可。

（2）专用夹具　专为某一工件的某道工序设计制造的夹具,称为专用夹具。专用夹具一般在批量生产中使用,本书主要介绍专用夹具的设计。

（3）可调夹具　夹具的某些元件可调整或可更换,以适应多种工件加工的夹具,称为可调夹具。它还分为通用可调夹具和成组夹具两类。

（4）组合夹具　采用标准的组合夹具元件、部件,专为某一工件的某道工序组装的夹具,称为组合夹具。

（5）拼装夹具　用专门的标准化、系列化的拼装夹具零部件拼装而成的夹具,称为拼装夹具。它具有组合夹具的优点,但比组合夹具精度高、效能高、结构紧凑。它的基础板和夹紧部件中常带有小型液压缸。此类夹具更适合在数控机床上使用。

2.按使用机床分类

夹具按使用机床可分为车床夹具、铣床夹具、钻床夹具、镗床夹具、齿轮机床夹具、数控机床夹具、自动机床夹具、自动线随行夹具以及其它机床夹具等。

3.按夹紧的动力源分类

夹具按夹紧的动力源可分为手动夹具、气动夹具、液压夹具、气液增力夹具、电磁夹具以及真空夹具等。

三、机床夹具的组成

机床夹具的种类和结构虽然繁多,但它们的组成均可概括为下面几个部分。

1．定位装置

定位装置的作用是使工件在夹具中占据正确的位置。

如图 0-3 所示，钻后盖上的 $\phi10\text{mm}$ 孔，其钻夹具如图 0-4 所示。夹具上的圆柱销 5、菱形销 9 和支承板 4 都是定位元件，通过它们使工件在夹具中占据正确的位置。

2．夹紧装置

夹紧装置的作用是将工件压紧夹牢，保证工件在加工过程中受到外力（切削力等）作用时不离开已经占据的正确位置。图 0-4 中的螺杆 8（与圆柱销合成一个零件）、螺母 7 和开口垫圈 6 就起到了上述作用。

3．对刀或导向装置

对刀或导向装置用于确定刀具相对于定位元件的正确位置。如图 0-4 中钻套 1 和钻模板 2 组成导向装置，确定了钻头轴线相对定位元件的正确位置。铣床夹具上的对刀块和塞尺为对刀装置。

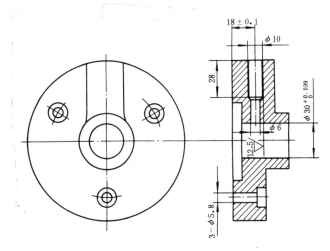

图 0-3　后盖零件钻径向孔的工序图

4．连接元件

连接元件是确定夹具在机床上正确位置的元件。如图 0-4 中夹具体 3 的底面为安装基面，保证了钻套 1 的轴线垂直于钻床工作台以及圆柱销 5 的轴线平行于钻床工作台。因此，夹具体可兼作连接元件。车床夹具上的过渡盘、铣床夹具上的定位键都是连接元件。

5．夹具体

夹具体是机床夹具的基础件，如图 0-4 中的件 3，通过它将夹具的所有元件连接成一个整体。

6．其它装置或元件

它们是指夹具中因特殊需要而设置的装置或元件。如需加工按一定规律分布的多个表面时，常设置分度装置；为能方便、准确地定位，常设置预定位装置；对于大型夹具，常设置吊装元件等。

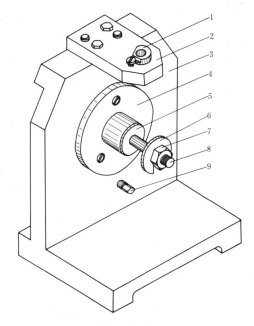

图 0-4　后盖钻夹具

1—钻套　2—钻模板　3—夹具体　4—支承板　5—圆柱销
6—开口垫圈　7—螺母　8—螺杆　9—菱形销

四、本课程的性质和任务

本课程是机械制造工艺与装备专业的一门专业课，实践性很强。按照教学计划，它在学生学完了技术基础课和部分专业课，参加了专业劳动和生产实习之后开设。

本课程的任务是：阐述机床夹具的设计原理和设计方法；对典型夹具进行结构分析与精度分析；介绍与夹具设计有关的标准、手册和图册。通过本课程的学习，使学生具有一定的设计专用夹具的能力和分析生产中与夹具有关的技术问题的能力。

思考题与习题

0-1　什么是机床夹具？它在机械加工中有何作用？

0-2　机床夹具常分哪些类型？

0-3　机床夹具由哪些部分组成？各部分的作用是什么？

0-4　什么叫专用夹具？

第一章 工件的装夹

工件的装夹指的是工件的定位和夹紧。

工件在夹具中定位的任务是：使同一工序中的一批工件都能在夹具中占据正确的位置。

工件位置的正确与否，用加工要求来衡量。能满足加工要求的为正确，不能满足加工要求的为不正确。

一批工件逐个在夹具上定位时，各个工件在夹具中占据的位置不可能完全一致，也不必要求它们完全一致，但各个工件的位置变动量必须控制在加工要求所允许的范围之内。

将工件定位后的位置固定下来，称为夹紧。工件夹紧的任务是：使工件在切削力、离心力、惯性力和重力的作用下不离开已经占据的正确位置，以保证机械加工的正常进行。

第一节 工件定位的基本原理

一、六点定则

一个尚未定位的工件，其空间位置是不确定的，这种位置的不确定性可描述如下。如图 1-1 所示，将未定位工件（双点划线所示长方体）放在空间直角坐标系中，工件可以沿 X、Y、Z 轴有不同的位置，称作工件沿 X、Y 和 Z 轴的位置自由度，用 $\vec{X}$、$\vec{Y}$、$\vec{Z}$ 表示；也可以绕 X、Y、Z 轴有不同的位置，称作工件绕 X、Y 和 Z 轴的角度自由度，用 $\overset{\frown}{X}$、$\overset{\frown}{Y}$、$\overset{\frown}{Z}$ 表示。用以描述工件位置不确定性的 $\vec{X}$、$\vec{Y}$、$\vec{Z}$ 和 $\overset{\frown}{X}$、$\overset{\frown}{Y}$、$\overset{\frown}{Z}$，称为工件的六个自由度。

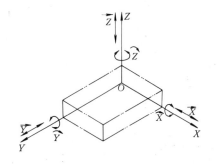

图 1-1 未定位工件的六个自由度

工件定位的实质就是要限制对加工有不良影响的自由度。设空间有一固定点，工件的底面与该点保持接触，那么工件沿 Z 轴的位置自由度便被限制了。如果按图 1-2 所示设置六个固定点，工件的三个面分别与这些点保持接触，工件的六个自由度便都限制了。这些用来限制工件自由度的固定点，称为定位支承点，简称支承点。

无论工件的形状和结构怎么不同，它们的六个自由度都可以用六个支承点限制，只是六个支承点的分布不同罢了。

用合理分布的六个支承点限制工件六个自由度的法则，称为六点定则。

支承点的分布必须合理，否则六个支承点限制不了工件的六个自由度，或不能有效地限制工件的六个自由度。例如，图 1-2 中工件底面上的三个支承点限制了 $\vec{Z}$、$\overset{\frown}{X}$、$\overset{\frown}{Y}$，它们应放成三角形，三角形的面积越大，定位越稳。工件侧面上的两个支承点限制 $\vec{X}$、$\overset{\frown}{Z}$，它们不能垂直放置，否则，工件绕 Z 轴的角度自由度 $\overset{\frown}{Z}$ 便不能限制。

6

六点定则是工件定位的基本法则，用于实际生产时，起支承点作用的是一定形状的几何体，这些用来限制工件自由度的几何体就是定位元件。

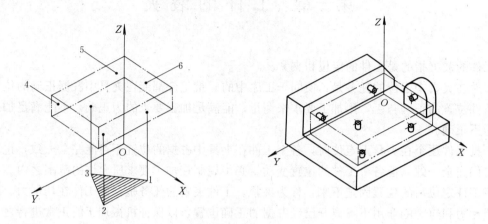

图 1-2　长方件工件定位时支承点的分布

表 1-1 为常用的定位元件能限制的工件自由度。

表 1-1　常用定位元件能限制的工件自由度

工件定位基面	定位元件	定位简图	定位元件特点	限制的自由度
平面	支承钉			1、2、3—$\vec{Z}$、$\hat{X}$、$\hat{Y}$ 4、5—$\vec{X}$、$\hat{Z}$ 6—$\vec{Y}$
	支承板			1、2—$\vec{Z}$、$\hat{X}$、$\hat{Y}$ 3—$\vec{X}$、$\hat{Z}$
圆孔	定位销（心轴）		短销（短心轴）	$\vec{X}$、$\vec{Y}$
			长销（长心轴）	$\vec{X}$、$\vec{Y}$ $\hat{X}$、$\hat{Y}$

工件定位基面	定位元件	定位简图	定位元件特点	限制的自由度
圆孔	菱形销		短菱形销	$\vec{Y}$
			长菱形销	$\vec{Y}$、$\vec{X}$
	锥销			$\vec{X}$、$\vec{Y}$、$\vec{Z}$
			1—固定锥销 2—活动锥销	$\vec{X}$、$\vec{Y}$、$\vec{Z}$ $\vec{X}$、$\vec{Y}$
外圆柱面	支承板或支承钉		短支承板或支承钉	$\vec{Z}$
			长支承板或两个支承钉	$\vec{Z}$、$\vec{X}$
	V形块		窄V形块	$\vec{X}$、$\vec{Z}$

工件定位基面	定位元件	定位简图	定位元件特点	限制的自由度
外圆柱面	V形块		宽V形块	$\vec{X}$、$\vec{Z}$ $\overset{\curvearrowright}{X}$、$\overset{\curvearrowright}{Z}$
	定位套		短套	$\vec{X}$、$\vec{Z}$
			长套	$\vec{X}$、$\vec{Z}$ $\overset{\curvearrowright}{X}$、$\overset{\curvearrowright}{Z}$
	半圆套		短半圆套	$\vec{X}$、$\vec{Z}$
			长半圆套	$\vec{X}$、$\vec{Z}$ $\overset{\curvearrowright}{X}$、$\overset{\curvearrowright}{Z}$
	锥套			$\vec{X}$、$\vec{Y}$、$\vec{Z}$
			1—固定锥套 2—活动锥套	$\vec{X}$、$\vec{Y}$、$\vec{Z}$ $\overset{\curvearrowright}{X}$、$\vec{Z}$

二、限制工件自由度与加工要求的关系

工件定位时，影响加工要求的自由度必须限制；不影响加工要求的自由度，有时要限制，

有时可不限制，视具体情况而定。

按照加工要求确定工件必须限制的自由度，在夹具设计中是首先要解决的问题。

例如，铣图 1-3 所示工件上的通槽，为保证槽底面与 A 面的平行度和尺寸 $60_{-0.2}^{0}$mm 两项加工要求，必须限制 $\vec{Z}$、$\widehat{X}$、$\widehat{Y}$ 三个自由度；为保证槽侧面与 B 面的平行度及 30 ± 0.1mm 两项加工要求，必须限制 $\vec{X}$、$\widehat{Z}$ 两个自由度；至于 $\vec{Y}$，从加工要求的角度看，可以不限制。因为一批工件逐个在夹具上定位时，即使各个工件沿 Y 轴的位置不同，也不会影响加工要求。

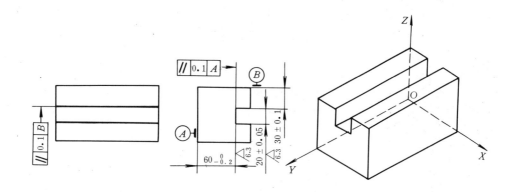

图 1-3 按照加工要求确定必须限制的自由度

工件的六个自由度都限制了的定位称为完全定位。工件被限制的自由度少于六个，但能保证加工要求的定位称为不完全定位。

在工件定位时，以下几种情况允许不完全定位：

1）加工通孔或通槽时，沿贯通轴的位置自由度可不限制。

2）毛坯（本工序加工前）是轴对称时，绕对称轴的角度自由度可不限制。

3）加工贯通的平面时，除可不限制沿两个贯通轴的位置自由度外，还可不限制绕垂直加工面的轴的角度自由度。

按照加工要求应限制的自由度没有被限制的定位称为欠定位。确定工件在夹具中的定位方案时，欠定位是决不允许发生的。因为欠定位保证不了工件的加工要求。如图 1-3 中，如果 $\vec{Z}$ 没有限制，就不能保证加工要求 30 ± 0.1mm；并不能保证槽侧面与 B 面的平行度要求。表 1-2 为满足工件的加工要求所必须限制的自由度。

表 1-2 满足加工要求必须限制的自由度

工 序 简 图	加 工 要 求	必须限制的自由度
加工面 （平面） Z O A Y X	1. 尺寸 A 2. 加工面与底面的平行度	$\vec{Z}$、$\widehat{X}$、$\widehat{Y}$

（续）

工 序 简 图	加 工 要 求	必须限制的自由度
	1. 尺寸 A 2. 加工面与下母线的平行度	$\vec{Z}$、$\hat{X}$
	1. 尺寸 A 2. 尺寸 B 3. 尺寸 L 4. 槽侧面与 N 面的平行度 5. 槽底面与 M 面的平行度	$\vec{X}$、$\vec{Y}$、$\vec{Z}$ $\hat{X}$、$\hat{Y}$、$\hat{Z}$
	1. 尺寸 A 2. 尺寸 L 3. 槽与圆柱轴线平行并对称	$\vec{X}$、$\vec{Y}$、$\vec{Z}$ $\hat{X}$、$\hat{Z}$
	1. 尺寸 B 2. 尺寸 L 3. 孔轴线与底面的垂直度	通孔 $\vec{X}$、$\vec{Y}$ $\hat{X}$、$\hat{Y}$、$\hat{Z}$
		不通孔 $\vec{X}$、$\vec{Y}$、$\vec{Z}$ $\hat{X}$、$\hat{Y}$、$\hat{Z}$
	1. 孔与外圆柱面的同轴度 2. 孔轴线与底面的垂直度	通孔 $\vec{X}$、$\vec{Y}$ $\hat{X}$、$\hat{Y}$
		不通孔 $\vec{X}$、$\vec{Y}$、$\vec{Z}$ $\hat{X}$、$\hat{Y}$

（续）

工　序　简　图	加　工　要　求		必须限制的自由度
  加工面 （两圆孔） Z R　R O Y　X	1. 尺寸 R 2. 以圆柱轴线为对称轴，两孔对称 3. 两孔轴线垂直于底面	通 孔	$\vec{X}$、$\vec{Y}$ $\hat{X}$、$\hat{Y}$
		不 通 孔	$\vec{X}$、$\vec{Y}$、$\vec{Z}$ $\hat{X}$、$\hat{Y}$

三、重复定位

重复定位分两种情况：当工件的一个或几个自由度被重复限制，并对加工产生有害影响的重复定位，称为不可用重复定位，不可用重复定位是不允许的；当工件的一个或几个自由度被重复限制，但仍能满足加工要求，即不但不产生有害影响，反而可增加工件装夹刚度的定位，称为可用重复定位。在生产实际中，可用重复定位被大量采用。

图 1-4 为插齿时常用的夹具。工件 3（齿坯）以内孔在心轴 1 上定位，限制工件四个自由度；又以端面在支承凸台 2 上定位。限制工件三个自由度，其中，$\hat{X}$、$\hat{Y}$ 被重复限制了。由于齿坯孔与端面的垂直度较高，可认为是可用重复定位。若在轴与孔的配合为一对定位副的情况下，判断可用重复定位的条件是

$$\delta_\perp \leqslant X_{\min} + \varepsilon^\ominus \tag{1-1}$$

式中　$\delta_\perp$——工件孔与端面的垂直度误差；

　　　$X_{\min}$——孔与定位心轴的最小配合间隙；

　　　ε——允许的定位副弹性变形量。

上例中，设 $\delta_\perp = 0.01\text{mm}$，齿坯孔尺寸为 $\phi20\text{H7}$（$\phi20^{+0.021}_{0}\text{mm}$），定位心轴尺寸为 $\phi20\text{g6}$（$\phi20^{-0.007}_{-0.020}\text{mm}$），则最小配合间隙 $X_{\min} = 0.007\text{mm}$。当 $\varepsilon = 0.005\text{mm}$ 时，满足式（1-1）条件。这种定位方式即为可用重复定位。齿坯内孔与端面的垂直度误差较大时，工件的定位将如图 1-5 所示，这时齿坯端面与凸台只有一点接触。夹紧后，不是心轴变形就是工件变形，影响加工精度，因此，这种定位就是不可用重复定位，是不允许的。

避免不可用重复定位的方法是改变定位装置结构。如图 1-6 所示，使用球面垫圈，去掉重复限制 $\hat{X}$、$\hat{Y}$ 的两个支承点。定位装置的结构改变后，即使齿坯内孔与端面的垂直度误差较大，工件或心轴也不会在夹紧力的作用下变形。但增加球面垫圈后，夹具的结构复杂了，结构刚

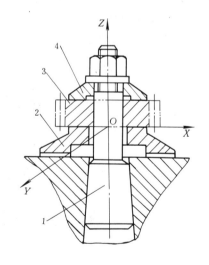

图 1-4　插齿夹具

1—心轴　2—支承凸台　3—工件　4—压板

$\ominus$　因实际配合间隙 $X > X_{\min}$，所以此处忽略了精度更高的定位心轴相对定位端面的垂直度 $\delta_{\perp j}$。

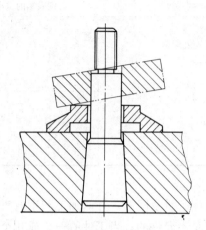

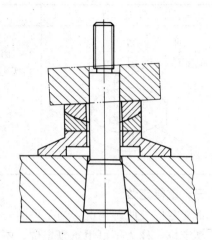

图 1-5　内孔与端面垂直度误差较大　　　　图 1-6　改变定位装置结构避免
　　　　时齿坯的定位情况　　　　　　　　　　　　　不可用重复定位

度也差了。

图 1-7 是主轴箱孔系加工时的定位简图。两个短圆柱 1 限制工件四个自由度 $\vec{X}$、$\vec{Z}$、$\hat{X}$、$\hat{Z}$，长条支承板 2 限制两个自由度 $\vec{X}$、$\vec{Y}$，挡销 3 限制一个自由度 $\vec{Y}$，其中 $\vec{X}$ 被重复限制了。由于主轴箱的两个定位基面（V 形面和 A 面）就是主轴箱在床身上的安装基面，其加工精度很高（一般 V 形面和 A 面的平行度误差小于 0.025mm），夹具的制造精度更高，夹紧后主轴箱虽有变形，但变形在允许的弹性变形范围 ε 之内。以这种方式定位加工孔时，工件定位的刚性与稳定性很高，能保证加工孔及孔系的精度。这种定位属可用重复定位。符合可用重复定位的条件是 V 形面与 A 面的平行度误差 $\delta_{/\!/}$ 小于工件允许的弹性变形量 ε，即

$$\delta_{/\!/} \leqslant \varepsilon \tag{1-2}$$

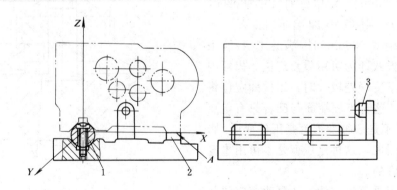

图 1-7　主轴箱孔系加工定位简图
1—短圆柱　2—长条支承板　3—挡销

若 V 形面与 A 面的平行度误差大于工件所允许的弹性变形量 ε，则由于重复限制 $\vec{X}$，会出现定位不稳的不良现象，夹紧后也会出现较大的变形，影响孔的位置精度，这时就属不可用重复定位。改进方法是 A 平面的定位改为用一个支承点加一个辅助支承，消除重复限制的

$\vec{X}$。但实际上这类定位的 $\delta_{//}$ 都很小，均属于可用重复定位。

孔系组合夹具元件与元件之间的定位都采用一面两圆柱销定位，如图1-8所示。定位面 A 限制 $\vec{Z}$、$\hat{X}$、$\hat{Y}$，一个销限制 $\vec{X}$、$\vec{Y}$，另一个销限制 $\vec{X}$、$\vec{Z}$，其中 $\vec{X}$ 被重复限制。若孔间距的公差 δ_{LD} 小于孔与定位销的最小配合间隙 X_{min} 加上允许的弹性变形量 ε 的两倍，即

$$\delta_{LD} \leqslant 2 \ (X_{min} + \varepsilon) \tag{1-3}$$

则元件之间便可以顺利装配，并由于 ε 的存在而使刚度提高，属于可用重复定位。若 $\delta_{LD} > 2$ $(X_{min} + \varepsilon)$，由于重复限制了 $\vec{X}$，就会出现其中一个定位销装不进去的不良现象，属不可用重复定位。因此，在工件以一面两孔定位时，常用一面一圆柱销及一菱形销的定位装置（简称一面两销定位装置），菱形销用来限制 $\vec{Z}$ 而不限制 $\vec{X}$，属完全定位。

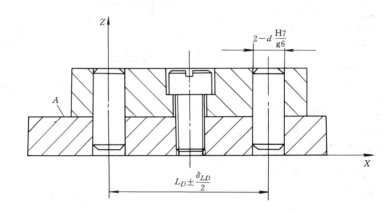

图 1-8 一面两圆柱销定位

ε 与工件和夹具的精度及刚度有关。建议当工件精度高，并与配合间隙有关时，取 $\varepsilon < 0.01 \sim 0.02mm$；当工件精度要求不高，并与配合间隙无关时，取 $\varepsilon < 0.1 \sim 0.5mm$。

在实际生产中，当工件精度不高时，有时也利用重复定位来提高工件的刚度，只要不影响加工要求，就属可用重复定位。

第二节　基准、定位副及对定位元件的基本要求

一、基准及定位副

基准种类很多，这里仅讨论夹具设计中直接涉及到的几种基准。

在工件加工的工序图中，用来确定本工序加工表面位置的基准，称为工序基准。可通过工序图上标注的加工尺寸与形位公差来确定工序基准。

关于定位基准，有几种不同看法。本书采用下述观点：当工件以回转面（圆柱面、圆锥面、球面等）与定位元件接触（或配合）时，工件上的回转面称为定位基面，其轴线称为定位基准。如图1-9a所示，工件以圆孔在心轴上定位，工件的内孔面称为定位基面，它的轴线称为定位基准。与此对应，心轴的圆柱面称为限位基面，心轴的轴线称为限位基准。

工件以平面与定位元件接触时，如图1-9b所示，工件上那个实际存在的面是定位基面，它

的理想状态（平面度误差为零）是定位基准。如果工件上的这个平面是精加工过的，形状误差很小，可认为定位基面就是定位基准。同样，定位元件以平面限位时，如果这个面的形状误差很小，也可认为限位基面就是限位基准。

工件在夹具上定位时，理论上，定位基准与限位基准应该重合，定位基面与限位基面应该接触。

当工件有几个定位基面时，限制自由度最多的定位基面称为主要定位面，相应的限位基面称为主要限位面。

为了简便，将工件上的定位基面和与之相接触（或配合）的定位元件的限位基面合称为定位副。

图 1-9a 中，工件的内孔表面与定位元件心轴的圆柱表面就合称为一对定位副。

二、定位符号和夹紧符号的标注

在选定定位基准及确定了夹紧力的方向和作用点后，应在工序图上标注定位符号和夹紧符号。定位、夹紧符号已有机械工业部的部颁标准（JB/T 5061—91），可参看附表 1。图 1-10 为典型零件定位、夹紧符号的标注。

三、对定位元件的基本要求

1. 足够的精度

由于工件的定位是通过定位副的接触（或配合）实现的，定位元件上限位基面的精度直接影响工件的定位精度，因此，限位基面应有足够的精度，以适应工件的加工要求。

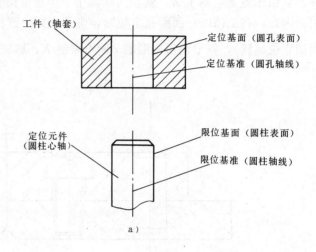

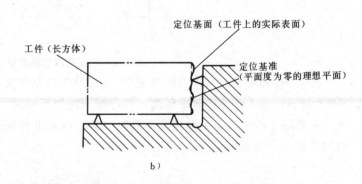

图 1-9 定位基准与限位基准

2. 足够的强度和刚度

定位元件不仅限制工件的自由度，还有支承工件、承受夹紧力和切削力的作用，因此，应有足够的强度和刚度，以免使用中变形或损坏。

3. 耐磨性好

工件的装卸会磨损定位元件的限位基面，导致定位精度下降。定位精度下降到一定程度时，定位元件必须更换，否则，夹具不能继续使用。为了延长定位元件的更换周期，提高夹具的使用寿命，定位元件应有较好的耐磨性。

4. 工艺性好

定位元件的结构应力求简单、合理，便于加工、装配和更换。

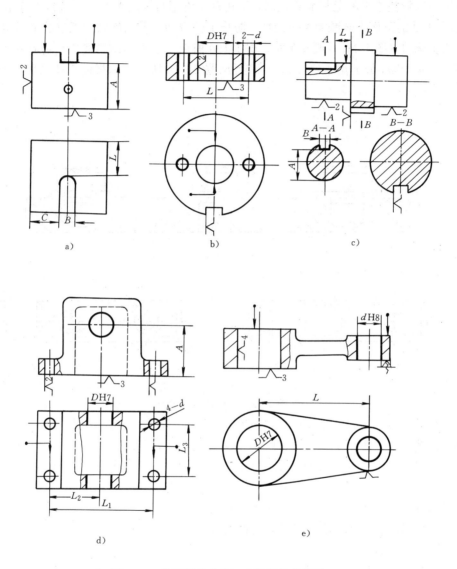

图 1-10　典型零件定位、夹紧符号的标注

a）长方体上铣不通槽　b）盘类零件上加工两个直径为 *d* 的孔　c）轴类零件上铣小端键槽
d）箱体类零件镗直径为 *DH*7 的孔　e）杠杆类零件钻小端直径为 *d*H8 的孔

第三节　定位基面与定位元件

一、工件以平面定位时的定位元件

工件以平面作为定位基面时，常用的定位元件如下所述。

1. 主要支承

主要支承用来限制工件的自由度，起定位作用。

（1）固定支承　固定支承有支承钉GB/T 2226—91和支承板GB/T 2236—91两种型式，如图1-11所示。在使用过程中，它们都是固定不动的。

当工件以粗糙不平的毛坯面定位时，采用球头支承钉（图1-11b）。齿纹头支承钉（图1-11c）用在工件的侧面，能增大摩擦因数，防止工件滑动。当工件以加工过的平面定位时，可采用平头支承钉（图1-11a）或支承板。图1-11d所示支承板的结构简单，制造方便，但孔边切屑不易清除干净，故适用于侧面和顶面定位。图1-11e所示支承板便于清除切屑，适用于底面定位。

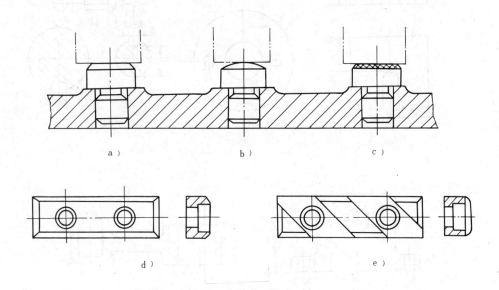

图 1-11　支承钉和支承板

需要经常更换的支承钉应加衬套，如图1-12所示。支承钉、支承板和衬套都已标准化，其公差配合、材料、热处理等可查国家标准《机床夹具零件及部件》[18]（简称"夹具标准"，下同），或《金属切削机床夹具设计手册》第2版[16]（简称"夹具手册"，下同），或其它版本的《机床夹具设计手册》。

当要求几个支承钉或支承板在装配后等高时，可采用装配后一次磨削法，以保证它们的限位基面在同一平面内。

工件以平面定位时，除采用上面介绍的标准支承钉和支承板之外，还可根据工件定位平面的不同形状设计相应的支承板，如绪论中图0-4里的支承板4为圆形。

（2）调节支承（GB/T 2227—91～GB/T 2230—91）　在工件定位过程中，支承钉的高度需要调整时，采用图1-13所示的调节支承。

在图1-14a中，工件为砂型铸件，先以A面定位铣B面，再以B面定位镗双孔。铣B面时，若采用固定支承，由于定位基面A的尺寸和形状

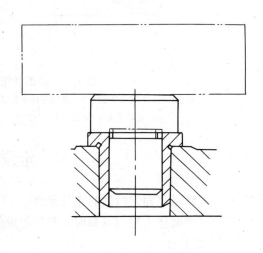

图 1-12　衬套的应用

误差较大，铣完后，B 面与两毛坯孔（图 1-14a 中的双点划线）的距离尺寸 H_1、H_2 变化也大，致使镗孔时余量很不均匀，甚至余量不够。因此，图中采用了调节支承，定位时适当调整支承钉的高度，便可避免出现上述情况。对于小型工件，一般每批调整一次；工件较大时，常常每件都要调整。

在可调夹具上加工形状相同而尺寸不等的工件时，也可用调节支承。如图 1-14b 所示，在轴上钻径向孔时，对于孔至端面的距离不等的几种工件，只要调整支承钉的伸出长度便可加工。

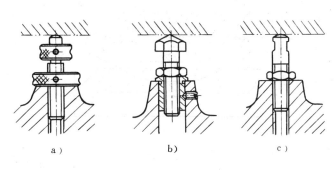

a)　　　　　b)　　　　　c)

图 1-13　调节支承

（3）自位支承（浮动支承）　在工件定位过程中，能自动调整位置的支承称为自位支承，或浮动支承。

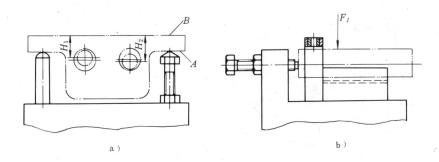

a)　　　　　　　　　　　b)

图 1-14　调节支承的应用

图 1-15 所示的叉形零件，以加工过的孔 D 及端面定位，铣平面 C 和 E。用心轴及端面限制了 $\vec{X}$、$\vec{Z}$、$\hat{X}$、$\hat{Z}$ 及 $\hat{Y}$ 五个自由度。为了限制自由度 $\vec{Y}$，需设置一个防转支承。此支承单独设在 A 处或 B 处，都因工件刚性差而无法加工，若 A、B 两处均设置防转支承，则属不可用重复定位，夹紧后工件变形大，这时应采用图 1-16 所示的自位支承。

图 1-16a、b 是两点式自位支承，图 1-16c 为三点式自位支承。这类支承的工作特点是：支承点的位置能随着工件定位基面的不同而自动调节，定位基面压下其中一点，其余点便上升，直至各点都与工件接触。接触点数的增加，提高了工件的装夹刚度和稳定性，但其作用仍相当于一个固定支承，只限制工件一个自由度。

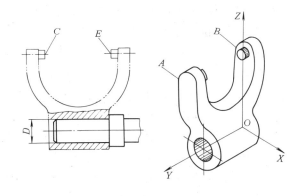

图 1-15　自位支承的应用

自位支承适用于工件以毛坯面定位或刚性不足的场合。《机床夹具图册》[15]（简称"夹具图册"，下同）中的图 1-1 是叉形零件定位时应用两点式自位支承的实例。

2. 辅助支承

辅助支承用来提高工件的装夹刚度和稳定性，不起定位作用。

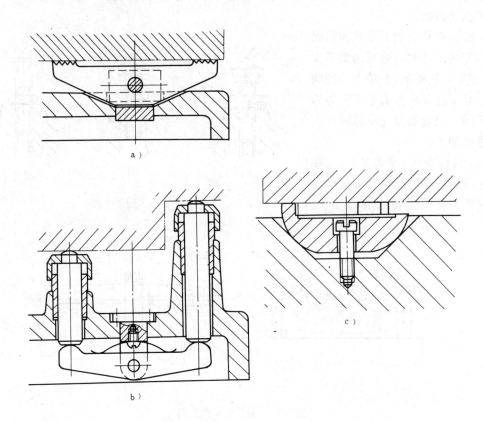

图 1-16　自位支承

如图 1-17 所示，工件以内孔及端面定位，钻右端小孔。若右端不设支承，工件装夹好后，右边为一悬臂，刚性差。若在 A 处设置固定支承，属不可用重复定位，有可能破坏左端的定位。在这种情况下，宜在右端设置辅助支承。工件定位时，辅助支承是浮动的（或可调的），待工件夹紧后再固定下来，以承受切削力。

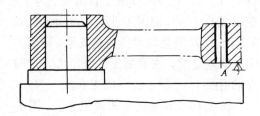

图 1-17　辅助支承的应用

（1）螺旋式辅助支承　如图 1-18a 所示，螺旋式辅助支承的结构与调节支承相近，但操作过程不同，前者不起定位作用，后者起定位作用，且结构上螺旋式辅助支承不用螺母锁紧。

（2）自动调节支承（GB/T 2238—91）　如图 1-18b 所示，弹簧 2 推动滑柱 1 与工件接触，转动手柄通过顶柱 3 锁紧滑柱 1，使其承受切削力等外力。此结构的弹簧力应能推动滑柱，但不能顶起工件，不会破坏工件的定位。

（3）推引式辅助支承　如图 1-18c 所示，工件定位后，推动手轮 4 使滑销 5 与工件接触，然后转动手轮使斜楔 6 开槽部分涨开而锁紧。

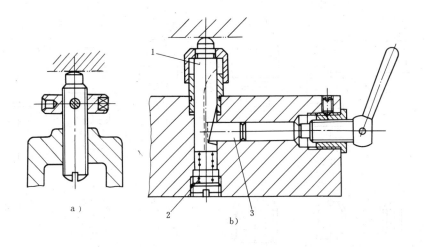

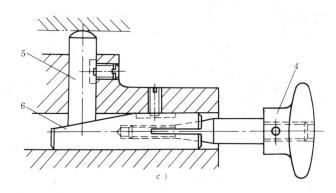

图 1-18　辅助支承

1—滑柱　2—弹簧　3—顶柱　4—手轮　5—滑销　6—斜楔

二、工件以圆孔定位时的定位元件

工件以圆孔内表面作为定位基面时，常用以下定位元件。

1. 定位销

图 1-19 为定位销的结构。图 1-19a 为固定式定位销（GB/T 2203—91），图 1-19b 为可换式定位销（GB/T 2204—91）。A 型称圆柱销，B 型称菱形销，其尺寸见表 1-3。定位销直径 D 为 3～10mm 时，为避免使用中折断，或热处理时淬裂，通常把根部倒成圆角 R。夹具体上应有沉孔，使定位销的圆角部分沉入孔内而不影响定位。大批大量生产时，为了便于定位销的更换，可采用可换式定位销。为便于工件装入，定位销的头部有 15°倒角。定位销的有关参数可查"夹具标准"或"夹具手册"。

表 1-3　菱形销的尺寸　　　　　　　　　　　　（mm）

D	>3～6	>6～8	>8～20	>20～24	>24～30	>30～40	>40～50
B	$d-0.5$	$d-1$	$d-2$	$d-3$	$d-4$	$d-5$	
b_1	1	2	3			4	5
b	2	3	4	5		6	8

注：D 为菱形销限位基面直径，其余尺寸见图 1-19a。

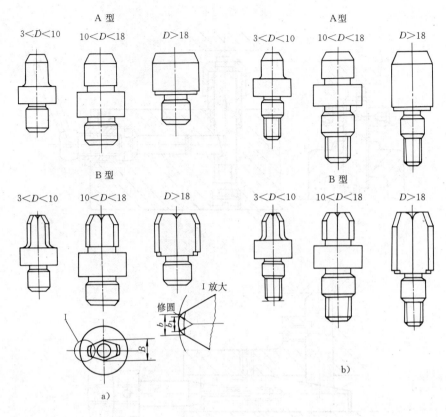

图 1-19　定位销

a) 固定式　b) 可换式

2. 圆柱心轴

圆柱心轴在很多工厂中有自己的厂标，图 1-20 为常用圆柱心轴的结构型式。

图 1-20a 为间隙配合心轴。心轴的限位基面一般按 h6、g6 或 f7 制造，其装卸工件方便，但定心精度不高。为了减少因配合间隙而造成的工件倾斜，工件常以孔和端面联合定位，因而要求工件定位孔与定位端面之间、心轴限位圆柱面与限位端面之间都有较高的垂直度，最好能在一次装夹中加工出来。

图 1-20b 为过盈配合心轴，由引导部分 1、工作部分 2、传动部分 3 组成。引导部分的作用是使工件迅速而准确地套入心轴，其直径 d_3 按 e8 制造，d_3 的基本尺寸等于工件孔的最小极限尺寸，其长度约为工件定位孔长度的一半。工作部分的直径按 r6 制造，其基本尺寸等于孔的最大极限尺寸。当工件定位孔的长度与直径之比 $L/d>1$ 时，心轴的工作部分应稍带锥度，这时，直径 d_1 按 r6 制造，其基本尺寸等于孔的最大极限尺寸；直径 d_2 按 h6 制造，其基本尺寸等于孔的最小极限尺寸。这种心轴制造简单、定心准确、不用另设夹紧装置，但装卸工件不便，易损伤工件定位孔，因此，多用于定心精度要求高的精加工。

图 1-20c 是花键心轴，用于加工以花键孔定位的工件。当工件定位孔的长径比 $L/d>1$ 时，工作部分可稍带锥度。设计花键心轴时，应根据工件的不同定心方式来确定定位心轴的结构，其配合可参考上述两种心轴。

心轴在机床上的常用安装方式如图 1-21 所示。

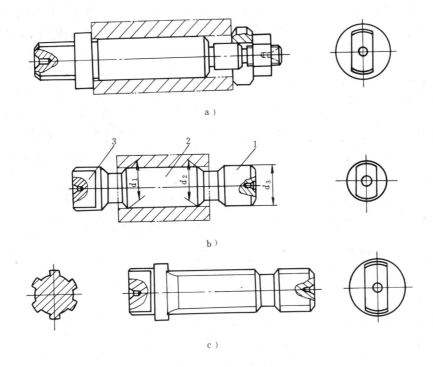

图 1-20　圆柱心轴

1—引导部分　2—工作部分　3—传动部分

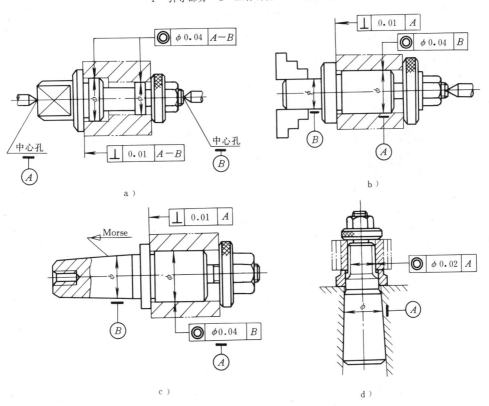

图 1-21　心轴在机床上的安装方式

为保证工件的同轴度要求，设计心轴时，夹具总图上应标注心轴各限位基面之间、限位圆柱面与顶尖孔或锥柄之间的位置精度要求，其同轴度可取工件相应同轴度的 1/2～1/3。

3. 圆锥销

图 1-22 为工件以圆孔在圆锥销上定位的示意图，它限制了工件的 $\vec{X}$、$\vec{Y}$、$\vec{Z}$ 三个自由度。图 1-22a 用于粗定位基面，图 1-22b 用于精定位基面。

工件在单个圆锥销上定位容易倾斜，为此，圆锥销一般与其它定位元件组合定位，如图 1-23 所示。图 1-23a 为圆锥—圆柱组合心轴，锥度部分使工件准确定心，圆柱部分可减少工件倾斜。图 1-23b 以工件底面作主要定位基面，采用活动圆锥销，只限制 $\vec{X}$、$\vec{Y}$ 两个自由度，即使工件的孔径变化较大，也能准确定位。图 1-23c 为工件在双圆锥销上定位，左端固定锥销限制 $\vec{X}$、$\vec{Y}$、$\vec{Z}$ 三个自由度，右端为活动锥销，限制 $\vec{Y}$、$\vec{Z}$ 两个自由度。以上三种定位方式均限制工件五个自由度。

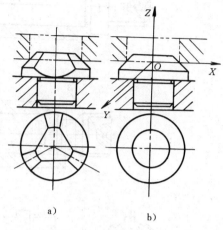

图 1-22 圆锥销定位

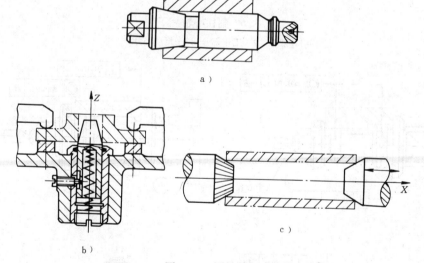

a)

b)

c)

图 1-23 圆锥销组合定位

4. 锥度心轴（GB/T 12875—91）

如图 1-24 所示，工件在锥度心轴上定位，并靠工件定位圆孔与心轴限位圆柱面的弹性变形夹紧工件，心轴锥度 K 见表 1-4。

这种定位方式的定心精度较高，可达 $\phi 0.02～\phi 0.01 \text{mm}$，但工件的轴向位移误差较大，适用于工件定位孔精度不低于 IT7 的精车和磨削加工，不能加工端面。

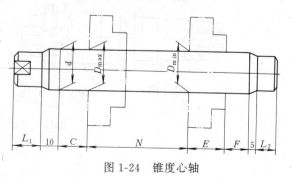

图 1-24 锥度心轴

锥度心轴的结构尺寸按表 1-5 计算(参考"夹具标准"或"夹具手册")。为保证心轴有足够的刚度,心轴的长径比 $L/d>8$ 时,应将工件按定位孔的公差范围分成 2～3 组,每组设计一根心轴。

表 1-4　高精度心轴锥度推荐值

工件定位孔直径 D/mm	8～25	25～50	50～70	70～80	80～100	＞100
锥度 K	$\dfrac{0.01\text{mm}}{2.5D}$	$\dfrac{0.01\text{mm}}{2D}$	$\dfrac{0.01\text{mm}}{1.5D}$	$\dfrac{0.01\text{mm}}{1.25D}$	$\dfrac{0.01\text{mm}}{D}$	$\dfrac{0.01}{100}$

表 1-5　锥度心轴的尺寸　　　　　　　　　　　　　(mm)

计　算　项　目	计　算　公　式　及　数　据	说　　　明
心轴大端直径	$d=D_{\max}+0.25\delta_D$ $\approx D_{\max}+(0.01\sim0.02)$	D——工件孔的基本尺寸 $D_{\max}$——工件孔的最大极限尺寸
心轴大端公差	$\delta_d=0.01\sim0.005$	$D_{\min}$——工件孔的最小极限尺寸
保险锥面长度	$C=\dfrac{d-D_{\max}}{K}$	δ_D——工件孔的公差
导向锥面长度	$F=(0.3\sim0.5)D$	E——工件孔的长度
左端圆柱长度	$L_1=20\sim40$	当 $L/d>8$ 时,应分组设计心轴
右端圆柱长度	$L_2=10\sim15$	表中结构尺寸均见图 1-24
工件轴向位置的变动范围	$N=\dfrac{D_{\max}-D_{\min}}{K}$	
心轴总长度	$L=C+F+L_1+L_2+N+E+15$	

三、工件以外圆柱面定位时的定位元件

工件以外圆柱面定位时,常用如下定位元件。

1. V 形块(GB/T 2208—91)

如图 1-25 所示,V 形块的主要参数有:

D——V 形块的设计心轴直径。D 为工件定位基面的平均尺寸,其轴线是 V 形块的限位基准;

α——V 形块两限位基面间的夹角。有 60°、90°、120°三种,以 90° 应用最广;

H——V 形块的高度;

T——V 形块的定位高度,即 V 形块的限位基准至 V 形块底面的距离;

N——V 形块的开口尺寸。

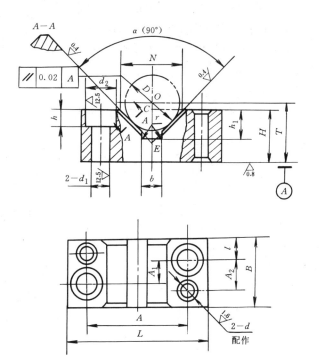

图 1-25　V 形块结构尺寸

V 形块已经标准化了。H、N 等参数可从"夹具标准"或"夹具手册"中查得，但 T 必须计算。

由图 1-25 可知：

$$T = H + OC = H + (OE - CE)$$

因　$OE = \dfrac{d}{2\sin\dfrac{\alpha}{2}}$，$CE = \dfrac{N}{2\text{tg}\dfrac{\alpha}{2}}$，所以

$$T = H + \frac{1}{2}\left[\frac{d}{\sin\dfrac{\alpha}{2}} - \frac{N}{\text{tg}\dfrac{\alpha}{2}}\right] \tag{1-4}$$

当 $\alpha = 90°$ 时，$T = H + 0.707d - 0.5N$。

图 1-26 为常用 V 形块的结构。图 1-26a 用于较短的精定位基面；图 1-26b 用于粗定位基面和阶梯定位面；图 1-26c 用于较长的精定位基面和相距较远的两个定位面。V 形块不一定采用整体结构的钢件，可在铸铁底座上镶淬硬支承板或硬质合金板，如图 1-26d 所示。

V 形块有活动式（GB/T 2211—91）、固定式（GB/T 2209—91）和可调整式（GB/T 2210—91）之分，活动 V 形块的应用见图 1-27。图 1-27a 为加工轴承座孔时的定位方式，活动 V 形块除限制工件一个自由度之外，还兼有夹紧作用。图 1-27b 中的 V 形块只起定位作用，限制工件一个自由度。

固定 V 形块与夹具体的连接，一般

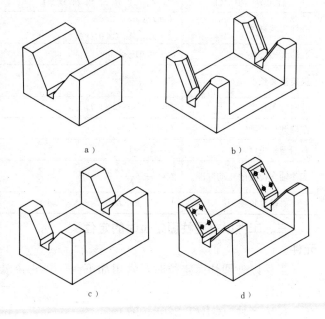

图 1-26　V 形块的结构型式

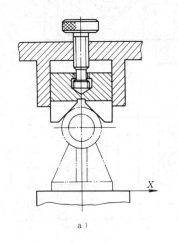

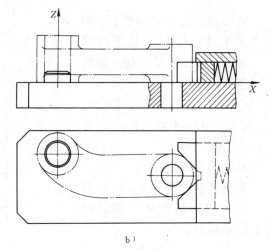

图 1-27　活动 V 形块的应用

采用两个定位销和 2～4 个螺钉，定位销孔在装配时调整好位置后与夹具体一起钻铰，然后打入定位销。

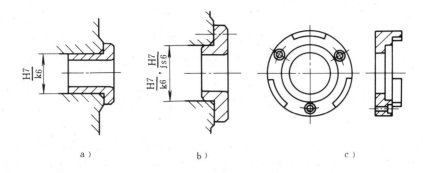

图 1-28　常用定位套

V 形块既能用于精定位基面，又能用于粗定位基面；能用于完整的圆柱面，也能用于局部圆柱面；而且具有对中性（使工件的定位基准总处在 V 形块两限位基面的对称面内），活动 V 形块还可兼作夹紧元件。因此，当工件以外圆柱面定位时，V 形块是用得最多的定位元件。

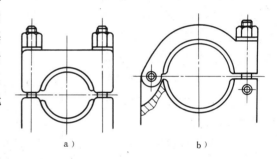

2. 定位套

图 1-28 为常用的几种定位套。其内孔轴线是限位基准，内孔面是限位基面。为了限制工件沿轴向的自由度，常与端面联合定位。用端面作为主要限位面时，应控制套的长度，以免夹紧时工件产生不允许的变形。

图 1-29　半圆套定位装置

定位套结构简单、容易制造，但定心精度不高，故只适用于精定位基面。

3. 半圆套

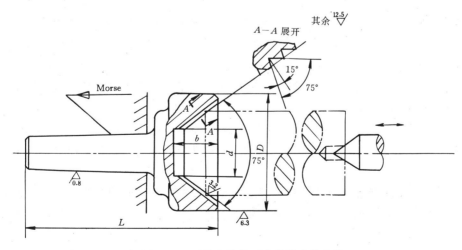

图 1-30　工件在外拨顶尖锥孔中的定位

如图 1-29 所示,下面的半圆套是定位元件,上面的半圆套起夹紧作用。这种定位方式主要用于大型轴类零件及不便于轴向装夹的零件。定位基面的精度不低于 IT8～IT9,半圆套的最小内径应取工件定位基面的最大直径。

4. 圆锥套

图 1-30 为通用的外拨顶尖(GB/T 12880—91)。工件以圆柱面的端部在外拨顶尖的锥孔中定位,锥孔中有齿纹,以便带动工件旋转。顶尖体的锥柄部分插入机床主轴孔中。

第四节　定位误差的分析与计算

一批工件逐个在夹具上定位时,由于工件及定位元件存在公差,使各个工件所占据的位置不完全一致,加工后形成加工尺寸的不一致,为加工误差。这种只与工件定位有关的加工误差,称为定位误差,用 Δ_D 表示。

一、造成定位误差的原因

造成定位误差的原因有两个:一是定位基准与工序基准不重合,由此产生基准不重合误差 Δ_B;二是定位基准与限位基准不重合,由此产生基准位移误差 Δ_Y。

1. 基准不重合误差 Δ_B

图 1-31a 是在工件上铣缺口的工序简图,加工尺寸为 A 和 B。图 1-31b 是加工示意图,工件以底面和 E 面定位。C 是确定夹具与刀具相互位置的对刀尺寸,在一批工件的加工过程中,C 的大小是不变的。

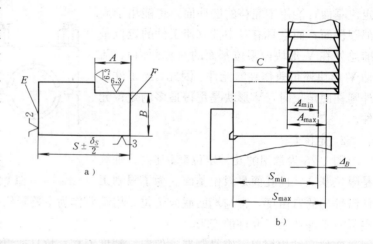

图 1-31　基准不重合误差 Δ_B

加工尺寸 A 的工序基准是 F,定位基准是 E,两者不重合。当一批工件逐个在夹具上定位时,受尺寸 $S\pm\delta_S/2$ 的影响,工序基准 F 的位置是变动的。F 的变动直接影响 A 的大小,造成 A 的尺寸误差,这个误差就是基准不重合误差。

显然,基准不重合误差的大小应等于因定位基准与工序基准不重合而造成的加工尺寸的变动范围。由图 1-31b 可知

$$\Delta_B = A_{max} - A_{min} = S_{max} - S_{min} = \delta_S$$

S 是定位基准 E 与工序基准 F 间的距离尺寸,称为定位尺寸。这样,便可得到下面的公式。

当工序基准的变动方向与加工尺寸的方向不一致,存在一夹角 α 时,基准不重合误差等于定位尺寸的公差在加工尺寸方向上的投影,即

$$\Delta_B = \delta_S \cos\alpha \tag{1-5}$$

当工序基准的变动方向与加工尺寸的方向相同时,即 $\alpha=0$,$\cos\alpha=1$,这时基准不重合误

差等于定位尺寸的公差，即

$$\Delta_B = \delta_S \qquad (1\text{-}6)$$

因此，基准不重合误差 Δ_B 是一批工件逐个在夹具上定位时，定位基准与工序基准不重合而造成的加工误差，其大小为定位尺寸的公差 δ_S 在加工尺寸方向上的投影。

图 1-31 上加工尺寸 B 的工序基准与定位基准均为底面，基准重合，所以 $\Delta_B = 0$。

2. 基准位移误差 Δ_Y

图 1-32a 是在圆柱面上铣槽的工序简图，加工尺寸为 A 和 B。图 1-32b 是加工示意图，工件以内孔 D 在圆柱心轴（直径为 d_0）上定位，O 是心轴轴心，即限位基准，C 是对刀尺寸。

尺寸 A 的工序基准是内孔轴线，定位基准也是内孔轴线，两者重合，$\Delta_B = 0$。但是，由于定位副（工件内孔面与心轴圆柱面）有制造公差和配合间隙，使得定位基准（工件内孔轴线）与限位基准（心轴轴线）不能重合，在夹紧力 F_J 的作用下，定位基准相对于限位基准下移了一段距离。定位基准的位置变动影响到尺寸 A 的大小，造成了 A 的误差，这个误差就是基准位移误差。

同样，基准位移误差的大小应等于因定位基准与限位基准不重合造成的加工尺寸的变动范围。

由图 1-32b 可知，当工件孔的直径为最大（D_{max}），定位销直径为最小（d_{0min}）时，定位基准的位移量 i 为最大（$i_{max} = OO_1$），加工尺寸 A 也最大（A_{max}）；当工件孔的直径为最小（D_{min}），定位销直径为最大（d_{0max}）时，定位基准的位移量 i 为最小（$i_{min} = OO_2$），加工尺寸也最小（A_{min}）。因此

$$\Delta_Y = A_{max} - A_{min} = i_{max} - i_{min} = \delta_i$$

式中　i——定位基准的位移量；

δ_i——一批工件定位基准的变动范围。

当定位基准的变动方向与加工尺寸的方向不一致，两者之间成夹角 α 时，基准位移误差等于定位基准的变动范围在加工尺寸方向上的投影，即

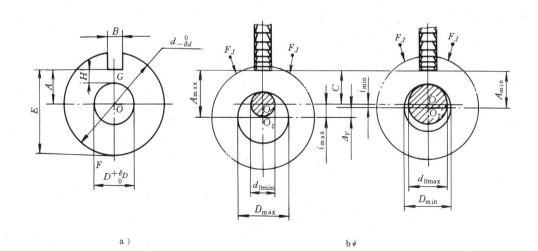

图 1-32　基准位移误差

$$\Delta_Y = \delta_i \cos\alpha \qquad\qquad (1\text{-}7)$$

当定位基准的变动方向与加工尺寸的方向一致时，即 $\alpha = 0$，$\cos\alpha = 1$，基准位移误差等于定位基准的变动范围，即

$$\Delta_Y = \delta_i \qquad\qquad (1\text{-}8)$$

因此，基准位移误差 Δ_Y 是一批工件逐个在夹具上定位时，定位基准相对于限位基准的最大变化范围 δ_i 在加工尺寸方向上的投影。

例 1-1　在图 1-32 中，设 $A = 40 \pm 0.1\text{mm}$，$D = \phi 50^{+0.03}_{0}\text{mm}$，$d_0 = \phi 50^{-0.01}_{-0.04}\text{mm}$，求加工尺寸 A 的定位误差。

解　1）定位基准与工序基准重合，$\Delta_B = 0$。

2）在 F_J 作用下，定位基准相对限位基准作单向移动，方向与加工尺寸一致，根据式（1-8），$\Delta_Y = \delta_i = i_{max} - i_{min}$。由图 1-32 可知

$$i_{max} = X_{max}/2 = (\delta_D + \delta_{d0} + X_{min})/2$$
$$i_{min} = X_{min}/2$$

式中　X_{max}——孔、轴配合最大间隙；

　　　X_{min}——孔、轴配合最小间隙。

因此
$$\Delta_Y = (\delta_D + \delta_{d0})/2 \qquad\qquad (1\text{-}9)$$

式（1-9）为孔、轴配合，在外力作用下定位基准单向移动（与加工尺寸方向一致）时的基准位移误差。本例中

$$\Delta_Y = (0.03 + 0.03)/2\text{mm} = 0.03\text{mm}$$

二、定位误差 Δ_D 的计算方法

定位误差 Δ_D 的常用计算方法如下。

1. 合成法

由于定位基准与工序基准不重合以及定位基准与限位基准不重合是造成定位误差的原因，因此，定位误差应是基准不重合误差与基准位移误差的合成。计算时，可先算出 Δ_B 和 Δ_Y，然后将两者合成而得 Δ_D。

合成时，若工序基准不在定位基面上（工序基准与定位基面为两个独立的表面），即 Δ_B 与 Δ_Y 无相关公共变量，则 $\Delta_D = \Delta_Y + \Delta_B$。

若工序基准在定位基面上，即 Δ_B 与 Δ_Y 有相关的公共变量，则 $\Delta_D = \Delta_Y \pm \Delta_B$。

在定位基面尺寸变动方向一定（由大变小，或由小变大）的条件下，Δ_Y（或定位基准）与 Δ_B（或工序基准）的变动方向相同时，取"+"号；变动方向相反时，取"-"号。

例 1-2　用合成法求图 1-32 所示加工尺寸 E 的定位误差。

解　1）加工尺寸 E 的工序基准为工件外圆面的下母线 F，而定位基准为工件内孔轴线 O，两者不重合，存在基准不重合误差 Δ_B，其大小等于尺寸 OF 的公差在加工尺寸方向上的投影，因 OF 与加工尺寸 E 方向一致，所以 $\Delta_B = \delta_d/2$。

2）定位基准与限位基准不重合，根据式（1-9），$\Delta_Y = (\delta_D + \delta_{d0})/2$。

3）因为工序基准不在定位基面上，即 Δ_B 与 Δ_Y 无相关公共变量，所以

$$\Delta_D = \Delta_Y + \Delta_B = \frac{\delta_D + \delta_{d0} + \delta_d}{2}$$

例 1-3　求图 1-32 中加工尺寸 H 的定位误差。

解 1) 工序基准是孔的上母线 G，定位基准为孔的轴线 O，基准不重合，基准不重合误差为 $\Delta_B = \delta_D/2$。

2) 定位基准与限位基准不重合，根据公式（1-9），$\Delta_Y = (\delta_D + \delta_{d0})/2$。

3) 工序基准在定位基面上，两者有相关的公共变量 δ_D，因此 $\Delta_D = \Delta_Y \pm \Delta_B$。当定位孔由小变大时，$\Delta_Y$（或定位基准 O）向下移动，而 Δ_B（或工序基准 G）则向上变动（考虑工序基准变动方向时，设定位基准的位置不变），两者方向相反，故取"一"号，所以

$$\Delta_D = \Delta_Y - \Delta_B = \delta_{d0}/2$$

由此例可见，合成法直观，有助于初学者理解定位误差产生的原因。本书采用合成法计算定位误差。

2. 极限位置法

此法直接计算出由于定位而引起的加工尺寸的最大变动范围。例如求图 1-33a 中的加工尺寸 A 的定位误差 Δ_{DA}。它为尺寸 A 的最大变动范围，即 $\Delta_{DA} = A_{max} - A_{min}$。因此，计算定位误差时，需先画出工件定位时加工尺寸变动范围的几何图形，直接按几何关系确定加工尺寸的最大变动范围，即为定位误差。

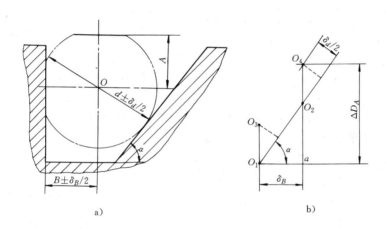

图 1-33 用极限位置法求定位误差

本例中工件的外径 $d \pm \delta_d/2$ 与已加工平面的尺寸 $B \pm \delta_B/2$ 是两个变量，可用作图法画出 B、d 两个变量在极限尺寸时工序基准 O 的各个位置，如图 1-33b 所示。

当 B_{min}、d_{min} 时，工件中心为 O_1 点；当 B_{max}、d_{min} 时，工件中心为 O_2 点；当 B_{min}、d_{max} 时，工件中心为 O_3 点；当 B_{max}、d_{max} 时，工件中心为 O_4 点。在加工尺寸 A 方向上工件中心 O 的最大变化量，即为定位误差 Δ_{DA}

$$\Delta_{DA} = aO_4 = aO_2 + O_2O_4 = \delta_B \mathrm{tg}\alpha + \frac{\delta_d}{2\cos\alpha}$$

在组合定位时，用此法计算直观、简便。

3. 尺寸链分析计算法（微分法）

其方法为：作工件定位图，确定加工尺寸 D 与有关的工件和夹具相应各几何参数 x_i 的尺寸链关系式为

$$D = \phi\ (x_1,\ x_2,\ \cdots,\ x_m) \tag{1-10}$$

对式（1-10）求全微分，即可求出加工尺寸 D 的定位误差

$$dD = \left| \frac{\partial \varphi}{\partial x_1} \Delta x_1 \right| + \left| \frac{\partial \varphi}{\partial x_2} \Delta x_2 \right| + \cdots + \left| \frac{\partial \varphi}{\partial x_m} \Delta x_m \right| \tag{1-11}$$

若组成环内有公共变量因素，应按公共变量的组成环对封闭环的影响方向求代数和，其它无公共变量项仍求绝对值和。

仍以图 1-33a 所示工件的定位方式求加工尺寸 A 的定位误差 Δ_{DA} 为例，画出尺寸 A 与工件和夹具相应各几何参数的尺寸链，如图 1-34 所示。

其尺寸链关系式为

$$A = L - B\mathrm{tg}\alpha - \frac{d}{2\cos\alpha}$$

式中，B 与 d 为变量。勿略 α 的误差，则各组成环不含公共变量。对上式全微分

$$\Delta_{DA} = \mathrm{d}A = \left| \delta_B \mathrm{tg}\alpha \right| + \left| \frac{\delta_d}{2\cos\alpha} \right|$$

若考虑 α 角的误差，将 α 视作变量，则全微分为

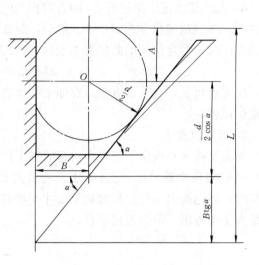

图 1-34　用微分法求定位误差

$$\Delta_{DA} = \mathrm{d}A = \left| \delta_B \mathrm{tg}\alpha \right| + \left| B\sec^2\alpha\,\delta_\alpha \right| + \left| \frac{\delta_d}{2\cos\alpha} \right| + \left| \frac{d\sin\alpha}{2\cos^2\alpha} \delta_\alpha \right|$$

此法对包含多误差因素的复杂定位方案的定位误差分析计算较方便。

三、定位误差计算实例

例 1-4　如图 1-35 所示，求加工尺寸 A 的定位误差。

解　1）定位基准为底面，工序基准为圆孔中心线 O，定位基准与工序基准不重合。两者之间的定位尺寸为 50mm，其公差为 $\delta_S = 0.2$mm。

工序基准的位移方向与加工尺寸方向间的夹角 α 为 45°，根据式（1-5），$\Delta_B = \delta_S\cos\alpha = 0.2\cos 45°$mm $= 0.1414$mm。

2）定位基准与限位基准重合，$\Delta_Y = 0$。

3）$\Delta_D = \Delta_B = 0.1414$mm。

结论：

1）平面定位时，$\Delta_Y = 0$。

2）工序基准的位移方向与加工尺寸不一致时，需向加工尺寸方向投影。

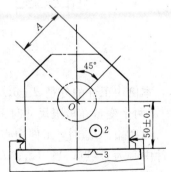

图 1-35　工件铣 45°平面的
定位示意图

例 1-5　钻铰图 1-36a 所示凸轮上的两小孔（$\phi16$mm），定位方式如图 1-36b 所示。定位销直径为 $\phi22_{-0.021}^{0}$mm，求加工尺寸 100 ± 0.1mm 的定位误差。

解　1）定位基准与工序基准重合，$\Delta_B = 0$。

2）定位基准相对限位基准单向移动，定位基准移动方向与加工尺寸方向间的夹角为 30° $\pm 15'$。根据式（1-8）和式（1-9）知

$$\delta_i = \frac{\delta_D + \delta_{d0}}{2}$$

根据式（1-7）知

$$\Delta_Y = \delta_i \cos\alpha = \frac{0.033 + 0.021}{2} \cos 30° \text{mm} = 0.02 \text{mm}$$

3）$\Delta_D = \Delta_Y = 0.02 \text{mm}$。

结论：定位方式为孔轴配合，在外力作用下单向接触时，基准位移误差 Δ_Y 为

$$\Delta_Y = \left(\frac{\delta_D + \delta_{d0}}{2}\right) \cos\alpha \tag{1-12}$$

例 1-6　图 1-37 是在金刚镗床上镗活塞销孔的示意图，活塞销孔轴线对活塞裙部内孔轴线的对称度要求为 0.2mm。以裙部内孔及端面定位，内孔与定位销的配合为 $\phi 95 \dfrac{\text{H7}}{\text{g6}}$。求对称度的定位误差。

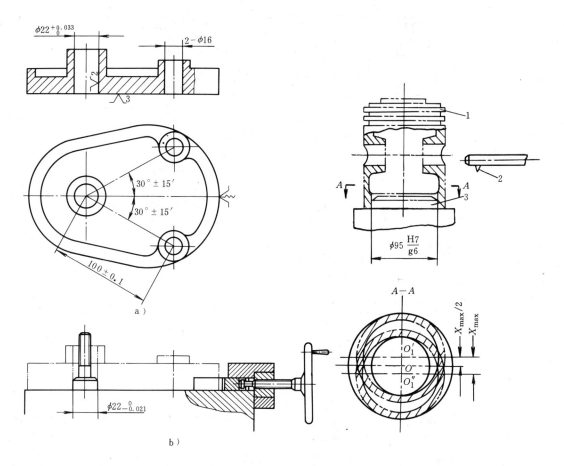

图 1-36　凸轮工序图及定位简图

图 1-37　镗活塞销孔示意图
1—工件　2—镗刀　3—定位销

解　查表得 $\phi 95\text{H7} = \phi 95^{+0.035}_{0}\text{mm}$，$\phi 95\text{g6} = \phi 95^{-0.012}_{-0.034}\text{mm}$。

1）对称度的工序基准是裙部内孔轴线，定位基准也是裙部内孔轴线，两者重合，$\Delta_B = 0$。

2）定位基准相对限位基准可任意方向移动，在对称度方向上的最大变动范围为 $O_1' O_1''$，即

孔轴配合时的最大间隙 X_{max}。δ_i 移动方向与对称度方向一致，$\alpha=0$，所以

$$\delta_i=O_1'O_1''=X_{max}=\delta_D+\delta_{d0}+X_{min}$$

$$=（0.035+0.022+0.012）mm=0.069mm$$

$$\Delta_Y=\delta_i=0.069mm$$

3）$\Delta_D=\Delta_Y=0.069mm$。

结论：定位方式为孔轴配合并可任意方向移动时，其基准位移误差

$$\Delta_Y=X_{max}\cos\alpha=（\delta_D+\delta_{d0}+X_{min}）\cos\alpha \tag{1-13}$$

例 1-7 如图 1-38a 所示，在鼓轮上先铣平面 A，再铣平面 B，铣平面 B 时的定位方式如图 1-38b 所示。求铣平面 B 时的角度定位误差。

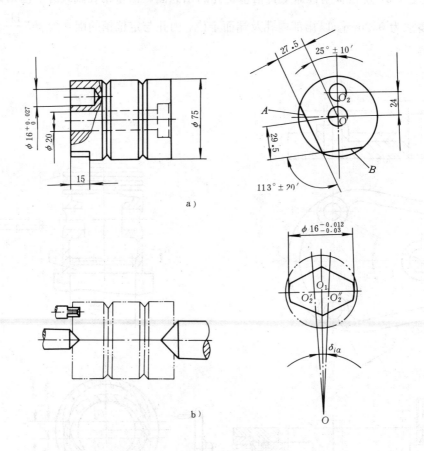

图 1-38　角度定位误差的计算

解　1）由图 1-38a 可知，工序基准为 A 面，定位基准是 OO_2，两者不重合，定位尺寸（角度）为 $25°\pm10'$，故 $\Delta_B=20'$。

2）由图 1-38b 可知，定位基准 O 与限位基准 O 重合，但定位基准 O_2 相对限位基准 O_1 不重合，可以两个方向转动（角位移）

$$i_a=0\pm\frac{\delta_D+\delta_d+X_{min}}{2R}$$

$$\delta_{ia}=\frac{\delta_D+\delta_d+X_{min}}{R}=\frac{0.027+0.018+0.012}{24}rad=0.002375rad$$

故

$$\Delta_Y=\delta_{ia}=0.002375\mathrm{rad}=8'10''$$

3）因工序基准不在定位基准 OO_2 上，所以

$$\Delta_D=\Delta_B+\Delta_Y=20'+8'10''=28'10''$$

结论：角度定位误差的计算方法与尺寸定位误差相同。

例 1-8　铣图 1-39 所示工件上的键槽，以圆柱面 $d_{-\delta_d}^{\ 0}$ 在 $\alpha=90°$ 的 V 形块上定位，求加工尺寸分别为 A_1、A_2、A_3 时的定位误差。

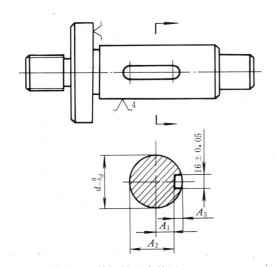

图 1-39　铣键槽工序简图

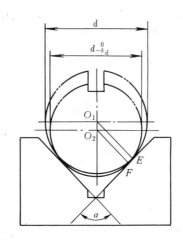

图 1-40　工件在 V 形块上定位时的基准位移误差

解　加工尺寸 A_1 的定位误差

1）工序基准是圆柱轴线，定位基准也是圆柱轴线，两者重合，$\Delta_B=0$。

2）定位基准相对限位基准有位移，由图 1-40 可知

$$\delta_i=O_1O_2=\frac{d}{2\sin\dfrac{\alpha}{2}}-\frac{d-\delta_d}{2\sin\dfrac{\alpha}{2}}=\frac{\delta_d}{2\sin\dfrac{\alpha}{2}}$$

δ_i 与加工尺寸方向一致，故

$$\Delta_Y=\delta_i=\frac{\delta_d}{2\sin\dfrac{\alpha}{2}} \tag{1-14}$$

式（1-14）中，未考虑 V 形块 α 角的制造公差。这是因为 V 形块 α 角的公差很小，对 $\sin\dfrac{\alpha}{2}$ 的影响极微，可以忽略不计。

3）$\Delta_D=\Delta_Y=\dfrac{\delta_d}{2\sin\dfrac{\alpha}{2}}$。

加工尺寸 A_2 的定位误差

1）工序基准是圆柱下母线，定位基准是圆柱轴线，两者不重合，定位尺寸 $S=\left(\dfrac{d}{2}\right)_{-\frac{\delta_d}{2}}^{\ \ 0}$，

故　$\Delta_B=\delta_S=\dfrac{\delta_d}{2}$。

2）根据式（1-14），$\Delta_Y = \dfrac{\delta_d}{2\sin\dfrac{\alpha}{2}}$。

3）工序基准在定位基面上。

当定位基面直径由大变小时，定位基准朝下变动；当定位基面直径由大变小、定位基准位置不动时，工序基准朝上变动。两者的变动方向相反，取"－"号，故

$$\Delta_D = \Delta_Y - \Delta_B = \frac{\delta_d}{2\sin\dfrac{\alpha}{2}} - \frac{\delta_d}{2} = \frac{\delta_d}{2}\left(\frac{1}{\sin\dfrac{\alpha}{2}} - 1\right)$$

加工尺寸 A_3 的定位误差

1）定位基准与工序基准不重合，$\Delta_B = \dfrac{\delta_d}{2}$。

2）根据式（1-14），$\Delta_Y = \dfrac{\delta_d}{2\sin\dfrac{\alpha}{2}}$。

3）工序基准在定位基面上。

当定位基面直径由大变小时，定位基准朝下变动；当定位基面直径由大变小、定位基准位置不动时，工序基准也朝下变动。两者的变动方向相同，取"＋"号，故

$$\Delta_D = \Delta_Y + \Delta_B = \frac{\delta_d}{2\sin\dfrac{\alpha}{2}} + \frac{\delta_d}{2} = \frac{\delta_d}{2}\left(\frac{1}{\sin\dfrac{\alpha}{2}} + 1\right)$$

结论：轴在 V 形块上定位时的基准位移误差为 $\Delta_Y = \dfrac{\delta_d}{2\sin\dfrac{\alpha}{2}}$，由于 Δ_Y 与 Δ_B 中均包含一个公共的变量 δ_d，所以需用合成法计算定位误差，根据两者作用方向取代数和。

例 1-9 如图 1-41 所示，工件 3 在双滚柱上定位（又称类 V 形块定位），铣平面，加工尺寸为 A，工件直径为 $d_{-\delta_d}^{0}$，滚柱尺寸 d_0 不变，求 A 的定位误差。

解 用全微分法求定位误差

1）列出加工尺寸 A 的尺寸链关系式为 $A = L - h$，式中，$h = OD = \sqrt{\left(\dfrac{d+d_0}{2}\right)^2 - \left(\dfrac{B}{2}\right)^2}$。将 h 代入，则得 A

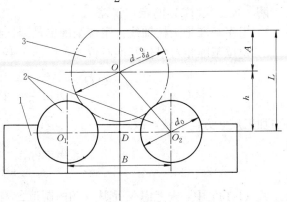

图 1-41　双滚柱定位的定位误差计算
1—滚柱座　2—双滚柱　3—工件

$= L - \dfrac{1}{2}\sqrt{(d+d_0)^2 - B^2}$，其中 d 为变量。对 A 全微分得

$$\Delta_D = \mathrm{d}A = \frac{(d+d_0)\,\delta_d}{2\sqrt{(d+d_0)^2 - B^2}} = \frac{\dfrac{\delta_d}{2}}{\sqrt{1 - \dfrac{B^2}{(d+d_0)^2}}}$$

例 1-10 某厂叶轮加工的定位方式如图 1-42 所示，工件以 $\phi 80 \pm 0.05\text{mm}$ 的外圆柱面在

定位元件的 $\phi80^{+0.10}_{+0.07}$mm 止口中定位，加工均布的 4 槽。求槽的对称度的定位误差。

解 1) 对称度的工序基准是 $\phi12H8$ 的轴线，定位基准是 $\phi80\pm0.05$mm 的轴线，两者不重合，$\Delta_B=0.02$mm。

2) 定位基准相对限位基准可任意方向移动，故 $\Delta_Y=\delta_D+\delta_d+X_{min}=(0.03+0.1+0.02)mm=0.15$mm。

3) 工序基准不在定位基面上，故 $\Delta_D=\Delta_Y+\Delta_B=(0.15+0.02)mm=0.17$mm。

这种定位方式的定位误差太大，已超过工件公差的 2/3，难以保证槽的对称度要求。若改用 $\phi12H8$ 孔定位，使 $\Delta_B=0$；选定位心轴为 $\phi12g6$（$\phi12^{-0.006}_{-0.017}$mm），$\Delta_Y=X_{max}=(0.027+0.017)mm=0.044$mm，$\Delta_D=\Delta_Y=0.044mm<\delta_K/3$，可满足加工要求。

结论：选择定位基准应尽可能与工序基准重合；应选择精度高的表面作定位基准。

常见定位方式的定位误差见表 1-6。

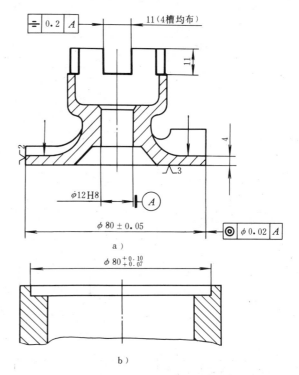

图 1-42 叶轮工序图及定位元件简图

表 1-6 常见定位方式的定位误差

定 位 方 式		定 位 简 图	定 位 误 差
定位基面	限位基面		
平面	平面		$\Delta_{DA}=0$ $\Delta_{DB}=\delta_H$
圆孔面及平面	圆柱面及平面		$\Delta_{D\pm}=\delta_D+\delta_{d0}+X_{min}$ （定位基准任意方向移动）

（续）

定位方式		定 位 简 图	定 位 误 差
定位基面	限位基面		
圆孔面	圆柱面		$\Delta_D = 0$ $\Delta_{DA} = \dfrac{1}{2}(\delta_D + \delta_{d0})$ （定位基准单方向移动）
圆柱面	两垂直平面		$\Delta_{DA} = 0$ $\Delta_{DB} = \dfrac{\delta_d}{2}$ $\Delta_{DC} = \delta_d$
圆柱面	平面及 V 形面		$\Delta_{DA} = \dfrac{\delta_d}{2}$ $\Delta_{DB} = 0$ $\Delta_{DC} = \dfrac{1}{2}\delta_d\cos\beta$
圆柱面	平面及 V 形面		$\Delta_{DA} = 0$ $\Delta_{DB} = \dfrac{\delta_d}{2}$ $\Delta_{DC} = \dfrac{1}{2}\delta_d(1-\cos\beta)$

定　位　方　式		定　位　简　图	定　位　误　差
定位基面	限位基面		
圆柱面	平面及 V 形面		$\Delta_{DA}=\delta_d$ $\Delta_{DB}=\dfrac{\delta_d}{2}$ $\Delta_{DC}=\dfrac{1}{2}\delta_d\,(1+\cos\beta)$
圆柱面	V 形面		$\Delta_{DA}=\dfrac{\delta_d}{2\sin\dfrac{\alpha}{2}}$ $\Delta_{DB}=0$ $\Delta_{DC}=\dfrac{\delta_d\cos\beta}{2\sin\dfrac{\alpha}{2}}$
圆柱面	V 形面		$\Delta_{DA}=\dfrac{\delta_d}{2}\left(\dfrac{1}{\sin\dfrac{\alpha}{2}}-1\right)$ $\Delta_{DB}=\dfrac{\delta_d}{2}$ $\Delta_{DC}=\dfrac{\delta_d}{2}\left(\dfrac{\cos\beta}{\sin\dfrac{\alpha}{2}}-1\right)$
圆柱面	V 形面		$\Delta_{DA}=\dfrac{\delta_d}{2}\left(\dfrac{1}{\sin\dfrac{\alpha}{2}}+1\right)$ $\Delta_{DB}=\dfrac{\delta_d}{2}$ $\Delta_{DC}=\dfrac{\delta_d}{2}\left(\dfrac{\cos\beta}{\sin\dfrac{\alpha}{2}}+1\right)$

第五节　一面两孔定位

如图 1-43 所示，要钻连杆盖上的四个定位销孔。按照加工要求，用平面 A 及直径为 $\phi 12^{+0.027}_{0}$mm 的两个螺栓孔定位。这种一平面两圆孔（简称一面两孔）的定位方式，在箱体、杠杆、盖板等类零件的加工中用得很广。工件的定位平面一般是加工过的精基面，两定位孔可能是工件上原有的，也可能是专为定位需要而设置的工艺孔。

一、定位元件

工件以一面两孔定位时，除了相应的支承板外，用于两个定位圆孔的定位元件有以下两种。

1. 两个圆柱销

采用两个短圆柱销与两定位孔配合为重复定位，沿连心线方向的自由度被重复限制了。当工件的孔间距 $\left(L\pm\dfrac{\delta_{LD}}{2}\right)$ 与夹具的销间距 $\left(L\pm\dfrac{\delta_{Ld}}{2}\right)$ 的公差之和大于工件两定位孔 $(D_1、D_2)$ 与夹具两定位销 $(d_1、d_2)$ 之间的配合间隙之和时，将妨碍部分工件的装入。

要使同一工序中的所有工件都能顺利地装卸，必须满足下列条件：当工件两孔径为最小（$D_{1\min}、D_{2\min}$）、夹具两销径为最大（$d_{1\max}、d_{2\max}$）、孔间距为最大 $\left(L+\dfrac{\delta_{LD}}{2}\right)$、销间距为最小 $\left(L-\dfrac{\delta_{Ld}}{2}\right)$，或者孔间距为最小 $\left(L-\dfrac{\delta_{LD}}{2}\right)$、销间距为最大 $\left(L+\dfrac{\delta_{Ld}}{2}\right)$ 时，D_1 与 d_1、D_2 与 d_2 之间仍有最小装配间隙 $X_{1\min}$、$X_{2\min}$ 存在，如图 1-44 所示。

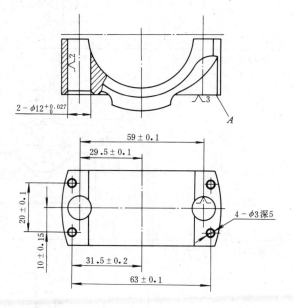

图 1-43　连杆盖工序图

从图 1-44a 可以看出，为了满足上述条件，第二销与第二孔不能采用标准配合，第二销的直径 (d'_2) 缩小了，连心线方向的间隙增大了。缩小后的第二销的最大直径为

$$\frac{d'_{2\max}}{2}=\frac{D_{2\min}}{2}-\frac{X''_{2\min}}{2}-O_2O'_2$$

式中　$X''_{2\min}$——第二销与第二孔的最小装配间隙。

从图 1-44a 可得

$$O_2O'_2=\left(L+\frac{\delta_{Ld}}{2}\right)-\left(L-\frac{\delta_{LD}}{2}\right)=\frac{\delta_{Ld}}{2}+\frac{\delta_{LD}}{2}$$

从图 1-44b 也可得到同样结果，所以

$$\frac{d'_{2\max}}{2} = \frac{D_{2\min}}{2} - \frac{X''_{2\min}}{2} - \frac{\delta_{Ld}}{2} - \frac{\delta_{LD}}{2}$$

$$d'_{2\max} = D_{2\min} - X''_{2\min} - \delta_{Ld} - \delta_{LD}$$

这就是说，要满足工件顺利装卸的条件，直径缩小后的第二销与第二孔之间的最小间隙应达到

$$X'_{2\min} = D_{2\min} - d'_{2\max} = \delta_{LD} + \delta_{Ld} + X''_{2\min} \tag{1-15}$$

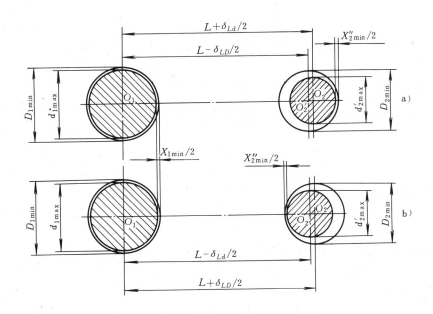

图 1-44　两圆销限位时工件顺利装卸的条件

这种缩小一个定位销直径的方法，虽然能实现工件的顺利装卸，但增大了工件的转动误差，因此，只能在加工要求不高时使用。

2. 一圆柱销与一削边销

如图 1-45 所示，不缩小定位销的直径，采用定位销"削边"的方法也能增大连心线方向的间隙。削边量越大，连心线方向的间隙也越大。当间隙达到 $a = \dfrac{X'_{2\min}}{2}$ (mm) 时，便满足了工件顺利装卸的条件。由于这种方法只增大连心线方向的间隙，不增大工件的转动误差，因而定位精度较高。根据式（1-15）得

$$a = \frac{X'_{2\min}}{2} = \frac{\delta_{LD} + \delta_{Ld} + X''_{2\min}}{2}$$

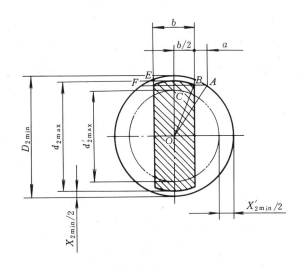

图 1-45　削边销的厚度

实际定位时，$X''_{2\min}$ 可由 $X_{1\min}$ 来调剂，因此可忽略 $X''_{2\min}$，取

$$a=\frac{\delta_{LD}+\delta_{Ld}}{2} \tag{1-16}$$

由图 1-45

$$OA^2-AC^2=OB^2-BC^2$$

而

$$OA=\frac{D_{2\min}}{2} \quad AC=a+\frac{b}{2} \quad BC=\frac{b}{2}$$

$$OB=\frac{d_{2\max}}{2}=\frac{D_{2\min}-X_{2\min}}{2}$$

代入

$$\left(\frac{D_{2\min}}{2}\right)^2-\left(a+\frac{b}{2}\right)^2=\left(\frac{D_{2\min}-X_{2\min}}{2}\right)^2-\left(\frac{b}{2}\right)^2$$

得

$$b=\frac{2D_{2\min}X_{2\min}-X_{2\min}^2-4a^2}{4a}$$

由于 $X_{2\min}^2$ 和 $4a^2$ 的数值很小，可忽略不计，所以

$$b=\frac{D_{2\min}X_{2\min}}{2a}$$

或削边销与孔的最小配合间隙为

$$X_{2\min}=\frac{2ab}{D_{2\min}} \tag{1-17}$$

削边销已标准化了，即为图 1-19 所示的菱形销，尺寸可查表 1-3，其有关数据可查"夹具标准"或"夹具手册"。

二、定位误差

工件以一面两孔在夹具的一面两销上定位时，如图 1-46 所示，由于 O_1 孔与圆柱销存在最大配合间隙 $X_{1\max}$，O_2 孔与菱形销存在最大配合间隙 $X_{2\max}$，因此会产生直线位移误差 Δ_{Y1} 和角位移误差 Δ_{Y2}，两者组成基准位移误差 Δ_Y，即

$$\Delta_Y=\Delta_{Y1}+\Delta_{Y2}$$

因 $X_{1\max}<X_{2\max}$，所以直线位移误差 Δ_{Y1} 受 $X_{1\max}$ 的控制。当工件在外力作用下单向位移时，$\Delta_{Y1}=X_{1\max}/2$；当工件可在任意方向位移时，$\Delta_{Y1}=X_{1\max}$。

如图 1-46a 所示，当工件在外力作用下单向移动时，工件的定位基准 $O_1'O_2'$ 会出现 Δ_β 的转角

$$\mathrm{tg}\Delta_\beta=\frac{X_{2\max}-X_{1\max}}{2L} \tag{1-18}$$

如图 1-46b 所示，当工件可在任意方向转动时，定位基准的最大转角为 $\pm\Delta_\alpha$

$$\mathrm{tg}\Delta_\alpha=\frac{X_{2\max}+X_{1\max}}{2L} \tag{1-19}$$

此时工件也可能出现单向转动，转角为 $\pm\Delta_\beta$。定位基准的转角会产生角位移误差 Δ_{Y2}，当工件加工尺寸方向和位置不同时，Δ_{Y2} 也不同。

表 1-7 是工件以一面两孔定位时，不同方向、不同位置加工尺寸的基准位移误差的计算公式。

表 1-7　一面两孔定位时基准位移误差的计算公式

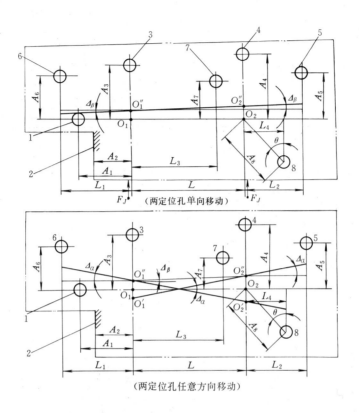

（两定位孔单向移动）

（两定位孔任意方向移动）

加工尺寸的方向与位置	加工尺寸实　例	两定位孔的移动方向	计　算　公　式
加工尺寸与两定位孔连心线平行	A_1 A_2		$\Delta_Y = \Delta_{Y1} = X_{1\max}$
加工尺寸与两定位孔连心线垂直，垂足为 O_1	A_3	单向	$\Delta_Y = \Delta_{Y1} = \dfrac{X_{1\max}}{2}$
		任意	$\Delta_Y = \Delta_{Y1} = X_{1\max}$
加工尺寸与两定位孔连心线垂直，垂足为 O_2	A_4	单向	$\Delta_Y = \Delta_{Y1} = \dfrac{X_{2\max}}{2}$
		任意	$\Delta_Y = \Delta_{Y1} = X_{2\max}$
加工尺寸与两定位孔连心线垂直，垂足在 O_1 与 O_2 之间	A_7	单向	$\Delta_Y = \Delta_{Y1} + \Delta_{Y2} = \dfrac{X_{1\max}}{2} + L_3 \mathrm{tg}\Delta_\beta$
		任意	$\Delta_Y = \Delta_{Y1} + \Delta_{Y2} = X_{1\max} + 2L_3 \mathrm{tg}\Delta_\beta$
加工尺寸与两定位孔连心线垂直，垂足在 O_1O_2 延长线上圆柱销一边	A_6	单向	$\Delta_Y = \Delta_{Y1} - \Delta_{Y2} = \dfrac{X_{1\max}}{2} - L_1 \mathrm{tg}\Delta_\beta$
		任意	$\Delta_Y = \Delta_{Y1} + \Delta_{Y2} = X_{1\max} + 2L_1 \mathrm{tg}\Delta_\alpha$
加工尺寸与两定位孔连心线垂直，垂足在 O_1O_2 延长线上菱形销一边	A_5	单向	$\Delta_Y = \Delta_{Y1} + \Delta_{Y2} = \dfrac{X_{2\max}}{2} + L_2 \mathrm{tg}\Delta_\beta$
		任意	$\Delta_Y = \Delta_{Y1} + \Delta_{Y2} = X_{2\max} + 2L_2 \mathrm{tg}\Delta_\alpha$

（续）

加工尺寸的方向与位置	加工尺寸实例	两定位孔的移动方向	计 算 公 式
加工尺寸与两定位孔连心线的垂线成一定夹角 θ	A_8	单向	$\Delta_Y = (\Delta_{Y1} + \Delta_{Y2})\cos\theta$ $= \left(\dfrac{X_{2\max}}{2} + L_4 \mathrm{tg}\Delta_\beta\right)\cos\theta$
		任意	$\Delta_Y = (\Delta_{Y1} + \Delta_{Y2})\cos\theta$ $= (X_{2\max} + 2L_4 \mathrm{tg}\Delta_a)\cos\theta$

注：O_1—圆柱销的中心；

O_2—菱形销的中心；

O_1'、O_1''、O_2'、O_2''—工件定位孔的中心；

L—两定位孔的距离（基本尺寸）；

L_1、L_2、L_3、L_4—加工孔（或加工面）与定位孔的距离（基本尺寸）；

$X_{1\max}$—定位孔与圆柱销之间的最大配合间隙；

$X_{2\max}$—定位孔与菱形销之间的最大配合间隙；

θ—加工尺寸方向与两定位孔连心线的垂线之夹角；

Δ_β—两定位孔单方向移动时，定位基准（两孔中心连线）的最大转角；

Δ_a—两定位孔任意方向移动时，定位基准的最大转角。

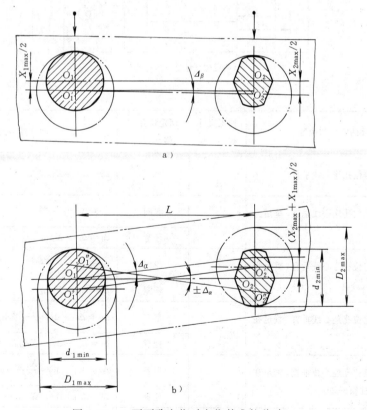

图 1-46　一面两孔定位时定位基准的移动

三、设计示例

钻连杆盖（图 1-43）四个定位销孔时的定位方式如图 1-47a 所示，其设计步骤如下。

1. 确定两定位销的中心距 $L_d \pm \delta_{Ld}/2$

两定位销的中心距的基本尺寸应等于工件两定位孔中心距的平均尺寸，其公差一般为

$$\delta_{Ld} = \left(\frac{1}{3} \sim \frac{1}{5} \right) \delta_{LD}$$

因孔间距 $L_D = 59 \pm 0.1$mm，故取销间距 $L_d = 59 \pm 0.02$mm。

2. 确定圆柱销直径 d_1

圆柱销直径的基本尺寸应等于与之配合的工件孔的最小极限尺寸，其公差带一般取 g6 或 h7。

因连杆盖定位孔的直径为 $\phi 12^{+0.027}_{0}$mm，故取圆柱销的直径 $d_1 = \phi 12$g6（$\phi 12^{-0.006}_{-0.017}$mm）。

3. 确定菱形销的尺寸 b

查表 1-3，$b = 4$mm。

4. 确定菱形销的直径

1）按式（1-17）计算 X_{2min}，因 $a = \dfrac{\delta_{LD} + \delta_{Ld}}{2} = (0.1 + 0.02)$mm $= 0.12$mm，$b = 4$mm，$D_2 = \phi 12^{+0.027}_{0}$mm，所以 $X_{2min} = \dfrac{2ab}{D_{2min}} = \dfrac{2 \times 0.12 \times 4}{12}$mm $= 0.08$mm。

采用修圆菱形销时，应以 b_1 代替 b 进行计算。

2）按公式 $d_{2max} = D_{2min} - X_{2min}$ 算出菱形销的最大直径，$d_{2max} = (12 - 0.08)$mm $= 11.92$mm。

3）确定菱形销的公差等级。菱形销直径的公差等级一般取 IT6 或 IT7，因 IT6 $= 0.011$mm，所以 $d_2 = \phi 12^{-0.08}_{-0.091}$mm。

5. 计算定位误差

连杆盖本工序的加工尺寸较多，除了四孔的直径和深度外，还有 63 ± 0.1mm、20 ± 0.1mm、31.5 ± 0.2mm 和 10 ± 0.15mm。其中，63 ± 0.1mm 和 20 ± 0.1mm 没有定位误差，因为它们的大小主要取决于钻套间的距离，与工件定位无关；而 31.5 ± 0.2mm 和 10 ± 0.15mm 均受工件定位的影响，有定位误差。

（1）加工尺寸 31.5 ± 0.2mm 的定位误差 由于定位基准与工序基准不重合，定位尺寸 $S = 29.5 \pm 0.1$mm，所以，$\Delta_B = \delta_S = 0.2$mm。

由于尺寸 31.5 ± 0.2mm 的方向与两定位孔连心线平行，根据表 1-7，$\Delta_Y = X_{1max} = (0.027$

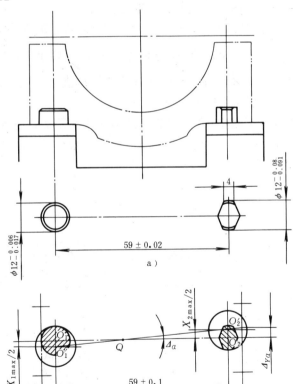

图 1-47 连杆盖的定位方式与定位误差

＋0.017）mm＝0.044mm。

由于工序基准不在定位基面上，所以 $\Delta_D = \Delta_Y + \Delta_B = $ （0.044＋0.2）mm＝0.244mm。

（2）加工尺寸 10±0.15mm 的定位误差　由于定位基准与工序基准重合，$\Delta_B = 0$。

由于定位基准与限位基准不重合，定位基准 O_1O_2 可作任意方向的位移，加工位置在定位孔两外侧。根据式（1-19）

$$\mathrm{tg}\Delta_\alpha = \frac{X_{1\max} + X_{2\max}}{2L} = \frac{0.044 + 0.118}{2 \times 59} = 0.00138$$

根据表 1-7，左边两小孔的基准位移误差为 $\Delta_Y = X_{1\max} + 2L_1\mathrm{tg}\Delta_\alpha = $ （0.044＋2×2×0.00138）mm＝0.05mm。右边两小孔的基准位移误差为 $\Delta_Y = X_{2\max} + 2L_2\mathrm{tg}\Delta_\alpha = $ （0.118＋2×2×0.00138）mm＝0.124mm。

定位误差应取大值，故

$$\Delta_D = \Delta_Y = 0.124mm$$

第六节　特殊表面定位

一、工件以 V 形导轨面定位

车床滑板等零件常以底部的 V 形导轨面定位，其定位装置如图 1-48 所示。3 是固定 V 形座上放置的两个短圆柱，限制 $\vec{Y}$、$\vec{Z}$、$\hat{Y}$、$\hat{Z}$ 四个自由度；4 是活动 V 形座，上面也放了两个短圆柱，限制 $\vec{X}$、$\hat{Y}$ 两个自由度；2 是可调支承，限制 $\vec{X}$。$\hat{Y}$ 被重复限制，但因工件与定位元件精度高，属可用重复定位。

设计短圆柱—V 形座时，短圆柱的直径 d 要适当，应保证工件与 V 形座之间有一定的间隙，以免碰撞。检验尺寸 T_1（mm），可根据式（1-4）求得。当 $\alpha = 90°$ 时，$T_1 = H + 1.207d + 0.5N$。

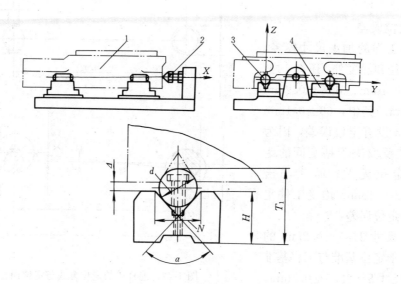

图 1-48　车床滑板定位简图

1—工件（车床滑板）　2—可调支承　3—短圆柱　4—活动 V 形块

二、工件以燕尾导轨面定位

工件以燕尾导轨面作为定位基面时，常用的定位装置有两种：一种如图 1-49a 所示，右边是固定的短圆柱—V 形座，限制工件四个自由度；左边是形状与燕尾槽对应的可移动钳口，限制工件一个自由度并起夹紧作用。

定位元件与对刀—导向元件间的距离 a（mm）的计算式为

$$a = b + u - \frac{d}{2} = b + \frac{d}{2}\cot\frac{\beta}{2} - \frac{d}{2} = b + \frac{d}{2}\left(\cot\frac{\beta}{2} - 1\right)$$

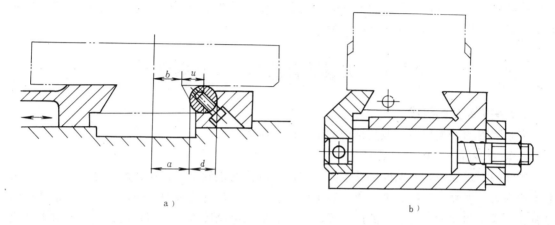

a)　　　　　　　　　　　　　　　b)

图 1-49　燕尾导轨面定位

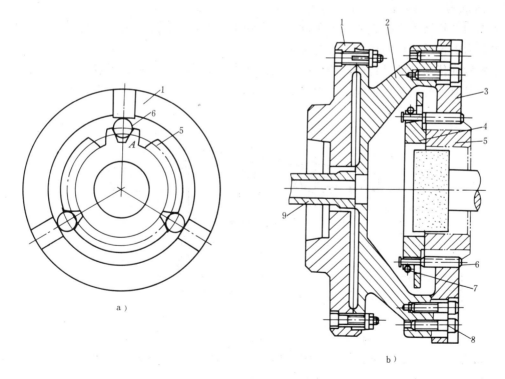

a)　　　　　　　　　　　　b)

图 1-50　渐开线齿形面定位

1—夹具体　2—鼓膜盘　3—卡爪　4—保持架　5—工件　6—滚柱　7—弹簧　8—螺钉　9—推杆

式中 β ——燕尾面的夹角。当 $\beta=55°$ 时

$$a=b+0.4605d$$

另一种如图 1-49b 所示，左右两边都是形状与燕尾槽对应的钳口，其中一边是可移动的。

三、工件以渐开线齿形面定位

整体淬火的齿轮，一般要在淬火后磨内孔和齿的侧面。为保证磨齿侧面时余量均匀，先以齿形面定位磨内孔，再以内孔定位磨齿的侧面。以齿形面定位磨内孔时，如图 1-50a 所示，在齿槽内均布三个精度很高的滚柱 6，套上保持架 4，再放入图 1-50b 所示的膜片卡盘里。当气缸推动杆 9 右移时，卡盘上的薄壁弹性变形，使卡爪 3 张开，此时可装卸工件。推杆左移时，卡盘弹性恢复，工件 5 被定位夹紧。

第七节 夹紧装置的组成和基本要求

一、夹紧装置的组成

夹紧装置的种类很多，但其结构均由两部分组成。

1. 动力装置——产生夹紧力

机械加工过程中，要保证工件不离开定位时占据的正确位置，就必须有足够的夹紧力来平衡切削力、惯性力、离心力及重力对工件的影响。夹紧力的来源，一是人力；二是某种动力装置。常用的动力装置有：液压装置、气压装置、电磁装置、电动装置、气—液联动装置和真空装置等。

2. 夹紧机构——传递夹紧力

要使动力装置所产生的力或人力正确地作用到工件上，需有适当的传递机构。在工件夹紧过程中起力的传递作用的机构，称为夹紧机构。

夹紧机构在传递力的过程中，能根据需要改变力的大小、方向和作用点。手动夹具的夹紧机构还应具有良好的自锁性能，以保证人力的作用停止后，仍能可靠地夹紧工件。

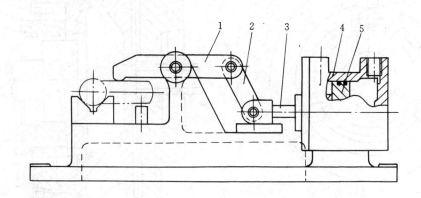

图 1-51 液压夹紧铣床夹具

1—压板 2—铰链臂 3—活塞杆 4—液压缸 5—活塞

图 1-51 是液压夹紧的铣床夹具。其中，液压缸 4、活塞 5、活塞杆 3 等组成了液压动力装置，铰链臂 2 和压板 1 等组成了铰链压板夹紧机构。

二、对夹紧装置的基本要求

1) 夹紧过程中，不改变工件定位后占据的正确位置。

2) 夹紧力的大小适当，一批工件的夹紧力要稳定不变。既要保证工件在整个加工过程中的位置稳定不变，振动小，又要使工件不产生过大的夹紧变形。夹紧力稳定可减小夹紧误差。

3) 夹紧装置的复杂程度应与工件的生产纲领相适应。工件生产批量愈大，允许设计愈复杂、效率愈高的夹紧装置。

4) 工艺性好，使用性好。其结构应力求简单，便于制造和维修。夹紧装置的操作应当方便、安全、省力。

第八节　夹紧力的确定

确定夹紧力的方向、作用点和大小时，要分析工件的结构特点、加工要求、切削力和其它外力作用工件的情况，以及定位元件的结构和布置方式。

一、夹紧力的方向和作用点的确定

1) 夹紧力应朝向主要限位面。对工件只施加一个夹紧力，或施加几个方向相同的夹紧力时，夹紧力的方向应尽可能朝向主要限位面。

如图 1-52a 所示，工件被镗的孔与左端面有一定的垂直度要求，因此，工件以孔的左端面与定位元件的 A 面接触，限制三个自由度；以底面与 B 面接触，限制两个自由度；夹紧力朝向主要限位面 A。这样做，有利于保证孔与左端面的垂直度要求。如果夹紧力改朝 B 面，则由于工件左端面与底面的夹角误差，夹紧时将破坏工件的定位，影响孔与左端面的垂直度要求。

再如图 1-52b 所示，夹紧力朝向主要限位面——V 形块的 V 形面，使工件的装夹稳定可靠。如果夹紧力改朝 B 面，则由于工件圆柱面与端面的垂直度误差，夹紧时，工件的圆柱面可能离开 V 形块的 V 形面。这不仅破坏了定位，影响加工要求，而且加工时工件容易振动。

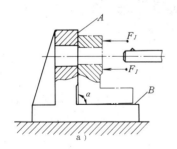

图 1-52　夹紧力朝向主要限位面

对工件施加几个方向不同的夹紧力时，朝向主要限位面的夹紧力应是主要夹紧力。

2) 夹紧力的作用点应落在定位元件的支承范围内。如图 1-53 所示，夹紧力的作用点落到了定位元件的支承范围之外，夹紧时将破坏工件的定位，因而是错误的。

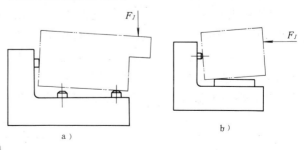

图 1-53　夹紧力作用点的位置不正确

3) 夹紧力的作用点应落在工件刚性较好的方向和部位。这一原则对刚性差的工件特别重要。如图 1-54a 所示，薄壁套的轴向刚性比径向好，用卡爪径向夹紧，工件变形大，若沿轴向施加夹紧力，变形就会小得多。夹紧图 1-54b 所示薄壁箱体时，夹紧力不应作用在箱体的顶面，而应作用在刚性好的凸边上。箱体没有凸边时，可如图 1-54c 那样，将单点夹紧改为三点夹紧，使着力点落在刚性较好的箱壁上，并降低了着力点的压强，减小了工件的夹紧变形。

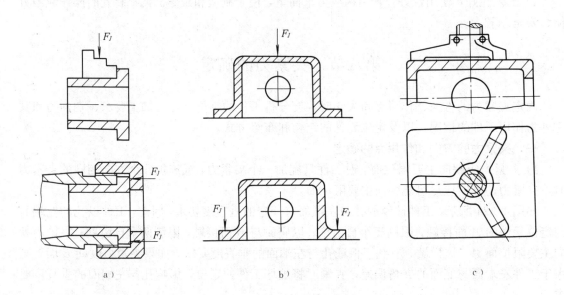

a)   b)   c)

图 1-54　夹紧力作用点与夹紧变形的关系

4) 夹紧力作用点应靠近工件的加工表面。如图 1-55 所示，在拨叉上铣槽。由于主要夹紧力的作用点距加工表面较远，故在靠近加工表面的地方设置了辅助支承。增加了夹紧力 F'_J。这样，不仅提高了工件的装夹刚性，还可减少加工时工件的振动。

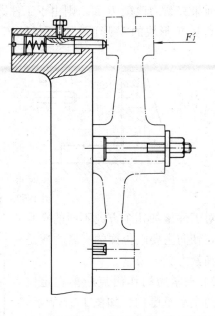

图 1-55　夹紧力作用点靠近加工表面

二、夹紧力大小的估算

加工过程中，工件受到切削力、离心力、惯性力及重力的作用。理论上，夹紧力的作用应与上述力（矩）的作用平衡；而实际上，夹紧力的大小还与工艺系统的刚性、夹紧机构的传递效率等有关。而且，切削力的大小在加工过程中是变化的，因此，夹紧力的计算是个很复杂的问题，只能进行粗略的估算。估算时应找出对夹紧最不利的瞬时状态，估算此状态下所需的夹紧力。并只考虑主要因素在力系中的影响，略去次要因素在力系中的影响。估算步骤如下：

1) 建立理论夹紧力 $F_{J理}$ 与主要最大切削力 F_P 的静平衡方程：$F_{J理} = \phi(F_P)$。

2) 实际需要的夹紧力 $F_{J需}$，应考虑安全系数（见表 1-8），$F_{J需} = KF_{J理}$。

3）校核夹紧机构产生的夹紧力 F_J 是否满足条件：$F_J > F_{J需}$。

例如，图 1-56 为铣削加工示意图，试估算所需的夹紧力。

由于是小型工件，工件重力略去不计。因为压板是活动的，压板对工件的摩擦力也略去不计。

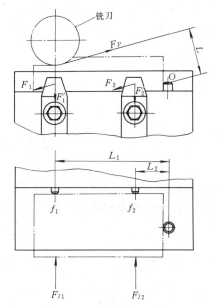

铣刀

不设置止推销时，对夹紧最不利的瞬时状态是铣刀切入全深、切削力 F_P 达到最大时，工件可能沿 F_P 的方向移动，需用夹紧力 F_{J1}、F_{J2} 产生的摩擦力 F_1、F_2 与之平衡，建立静平衡方程

$$F_1 + F_2 = F_P \qquad F_{J1}f_1 + F_{J2}f_2 = F_P$$

设 $\qquad\qquad F_{J1} = F_{J2} = F_{J理} \quad f_1 = f_2 = f$

则 $\qquad\qquad 2fF_{J理} = F_P \qquad F_{J理} = \dfrac{F_P}{2f}$

加上安全系数，每块压板需给工件的夹紧力（N）为

$$F_{J需} = \frac{KF_P}{2f}$$

式中 $\quad F_P$ ——最大切削力（N）；

$\qquad F_J$ ——每块压板的夹紧力（N）；

$\qquad f$ ——工件与定位元件间的摩擦因数；

$\qquad K$ ——安全系数。

图 1-56 铣削时夹紧力的估算

设置止推销后，工件不可能斜向移动了，对夹紧最不利的瞬时状态是铣刀切入全深、切削力达到最大时，工件绕 O 点转动，形成切削力矩 $F_P L$，需用夹紧力 F_{J1}、F_{J2} 产生的摩擦力矩 $F_1' L_1$、$F_2' L_2$ 与之平衡，建立静平衡方程如下

$$F_1' L_1 + F_2' L_2 = F_P L \qquad F_{J1}f_1 L_1 + F_{J2}f_2 L_2 = F_P L$$

设 $\qquad\qquad\qquad F_{J1} = F_{J2} = F_{J理} \quad f_1 = f_2 = f$

则 $\qquad\qquad F_{J理} f (L_1 + L_2) = F_P L \qquad F_{J理} = \dfrac{F_P L}{f (L_1 + L_2)}$

加上安全系数，每块压板需给工件的夹紧力（N）是

$$F_{J需} = \frac{F_P L K}{f (L_1 + L_2)}$$

式中 $\quad L$ ——切削力作用方向至挡销的距离；

$\quad L_1$、L_2 ——两支承钉至挡销的距离。

安全系数可按下式计算

$$K = K_0 K_1 K_2 K_3$$

各种因素的安全系数见表 1-8。

通常情况下，取 $K = 1.5 \sim 2.5$。当夹紧力与切削力方向相反时，取 $K = 2.5 \sim 3$。

各种典型切削方式所需夹紧力的静平衡方程式可参看"夹具手册"。

表 1-8 各种因素的安全系数

考 虑 因 素		系 数 值
K_0—基本安全系数（考虑工件材质、余量是否均匀）		1.2～1.5
K_1—加工性质系数	粗加工	1.2
	精加工	1.0
K_2—刀具钝化系数		1.1～1.3
K_3—切削特点系数	连续切削	1.0
	断续切削	1.2

第九节 基本夹紧机构

夹紧机构的种类虽然很多，但其结构大都以斜楔夹紧机构、螺旋夹紧机构和偏心夹紧机构为基础，这三种夹紧机构合称为基本夹紧机构。

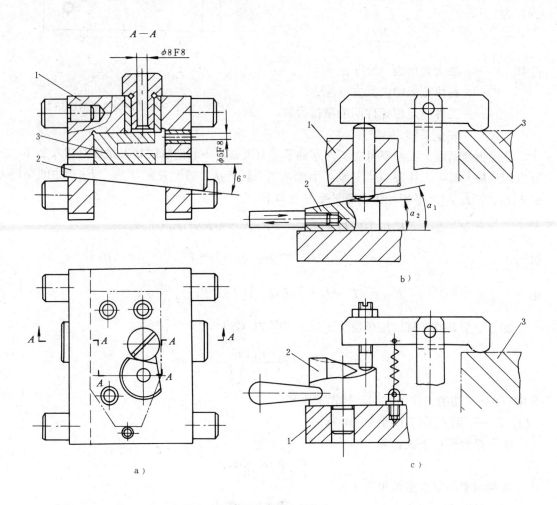

图 1-57 斜楔夹紧机构

1—夹具体 2—斜楔 3—工件

一、斜楔夹紧机构

图 1-57 为几种用斜楔夹紧机构夹紧工件的实例。图 1-57a 是在工件上钻互相垂直的 ϕ8mm、ϕ5mm 两组孔。工件装入后，锤击斜楔大头，夹紧工件。加工完毕后，锤击斜楔小头，松开工件。由于用斜楔直接夹紧工件的夹紧力较小，且操作费时，所以，实际生产中应用不多，多数情况下是将斜楔与其它机构联合起来使用。图 1-57b 是将斜楔与滑柱合成一种夹紧机构，一般用气压或液压驱动。图 1-57c 是由端面斜楔与压板组合而成的夹紧机构。

1. 斜楔的夹紧力

图 1-58a 是在外力 F_Q 作用下斜楔的受力情况。建立静平衡方程式

$$F_1 + F_{RX} = F_Q$$

而
$$F_1 = F_J \mathrm{tg} \varphi_1 \qquad F_{RX} = F_J \mathrm{tg}(\alpha + \varphi_2)$$

所以

$$F_J = \frac{F_Q}{\mathrm{tg}\varphi_1 + \mathrm{tg}(\alpha + \varphi_2)} \tag{1-20}$$

式中　F_J——斜楔对工件的夹紧力（N）；

　　　α——斜楔升角（°）；

　　　F_Q——加在斜楔上的作用力（N）；

　　　φ_1——斜楔与工件间的摩擦角（°）；

　　　φ_2——斜楔与夹具体间的摩擦角（°）。

设 $\varphi_1 = \varphi_2 = \varphi$，当 α 很小时（$\alpha \leqslant 10°$），可用下式作近似计算

$$F_J = \frac{F_Q}{\mathrm{tg}(\alpha + 2\varphi)} \tag{1-21}$$

2. 斜楔自锁条件

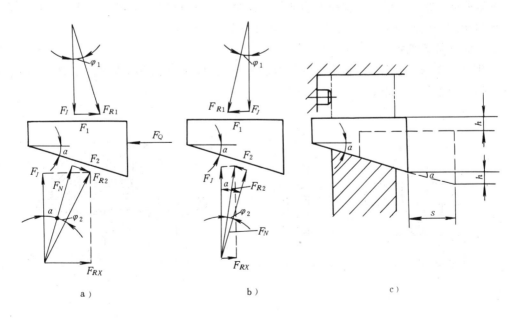

a)　　　　　　　　　b)　　　　　　　　　c)

图 1-58　斜楔受力分析

图 1-58b 是作用力 F_Q 撤去后斜楔的受力情况。从图中可以看出，要自锁，必须满足下式

$$F_1 > F_{RX}$$

因 $\qquad F_1 = F_J \mathrm{tg}\varphi_1 \qquad F_{RX} = F_J \mathrm{tg}\,(\alpha - \varphi_2)$

代入上式 $\qquad F_J \mathrm{tg}\varphi_1 > F_J \mathrm{tg}\,(\alpha - \varphi_2) \qquad \mathrm{tg}\varphi_1 > \mathrm{tg}\,(\alpha - \varphi_2)$

由于 φ_1、φ_2、α 都很小，$\mathrm{tg}\varphi_1 \approx \varphi_1$，$\mathrm{tg}\,(\alpha - \varphi_2) \approx \alpha - \varphi_2$，上式可简化为

$$\varphi_1 > \alpha - \varphi_2$$

或 $\qquad\qquad\qquad\qquad\qquad \alpha < \varphi_1 + \varphi_2 \qquad\qquad\qquad\qquad\qquad (1\text{-}22)$

因此，斜楔的自锁条件是：斜楔的升角小于斜楔与工件、斜楔与夹具体之间的摩擦角之和。

为保证自锁可靠，手动夹紧机构一般取 $\alpha = 6° \sim 8°$。用气压或液压装置驱动的斜楔不需要自锁，可取 $\alpha = 15° \sim 30°$。

3. 斜楔的扩力比与夹紧行程

夹紧力与作用力之比称为扩力比 $\left(i = \dfrac{F_J}{F_Q} \right)$ 或增力系数。i 的大小表示夹紧机构在传递力的过程中扩大（或缩小）作用力的倍数。

由式 (1-20) 可知，斜楔的扩力比为

$$i = \frac{F_J}{F_Q} = \frac{1}{\mathrm{tg}\varphi_1 + \mathrm{tg}\,(\alpha + \varphi_2)} \qquad\qquad (1\text{-}23)$$

如取 $\varphi_1 = \varphi_2 = 6°$，$\alpha = 10°$ 代入式 (1-23)，得 $i = 2.6$。可见，在作用力 F_Q 不很大的情况下，斜楔的夹紧力是不大的。

在图 1-58c 中，h (mm) 是斜楔的夹紧行程，s (mm) 是斜楔夹紧工件过程中移动的距离

$$h = s \mathrm{tg}\alpha$$

由于 s 受到斜楔长度的限制，要增大夹紧行程，就得增大斜角 α，而斜角太大，便不能自锁。当要求机构既能自锁，又有较大的夹紧行程时，可采用双斜面斜楔。如图 1-57b 所示，斜楔上大斜角的一段使滑柱迅速上升，小斜角的一段确保自锁。

二、螺旋夹紧机构

由螺钉、螺母、垫圈、压板等元件组成的夹紧机构，称为螺旋夹紧机构。图 1-59 是应用这种机构夹紧工件的实例。

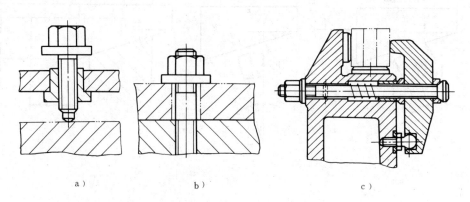

a) b) c)

图 1-59 螺旋夹紧机构

　　螺旋夹紧机构不仅结构简单、容易制造，而且，由于缠绕在螺钉表面的螺旋线很长，升角又小，所以螺旋夹紧机构的自锁性能好，夹紧力和夹紧行程都较大，是手动夹紧中用得最多的一种夹紧机构。

1. 单个螺旋夹紧机构

　　图 1-59a、b 所示是直接用螺钉或螺母夹紧工件的机构，称为单个螺旋夹紧机构。

　　在图 1-59a 中，螺钉头直接与工件表面接触，螺钉转动时，可能损伤工件表面，或带动工件旋转。克服这一缺点的办法是在螺钉头部装上图 1-60 所示的摆动压块。当摆动压块与工件接触后，由于压块与工件间的摩擦力矩大于压块与螺钉间的摩擦力矩，压块不会随螺钉一起转动。如图 1-60a、b（GB/T 2172—91）所示，A 型的端面是光滑的，用于夹紧已加工表面；B 型的端面有齿纹，用于夹紧毛坯面。当要求螺钉只移动不转动时，可采用图 1-60c（GB/T 2173—91）所示结构。

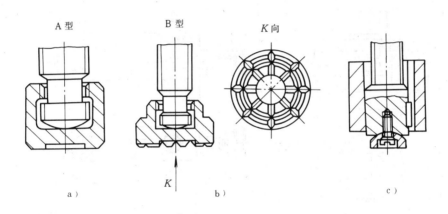

图 1-60　摆动压块

　　夹紧动作慢、工件装卸费时，是单个螺旋夹紧机构的另一个缺点。如图 1-59b 所示，装卸工件时，要将螺母拧上拧下，费时费力。克服这一缺点的办法很多，图 1-61 是常见的几种。

　　图 1-61a 使用了开口垫圈。图 1-61b 采用了快卸螺母。图 1-61c 中，夹紧轴 1 上的直槽连着螺旋槽，先推动手柄 2，使摆动压块迅速靠近工件，继而转动手柄，夹紧工件并自锁。图 1-61d 中的手柄 4 带动螺母旋转时，因手柄 5 的限制，螺母不能右移，致使螺杆带着摆动压块 3 往左移动，从而夹紧工件。松夹时，只要反转手柄 4，稍微松开后，即可转动手柄 5，为手柄 4 的快速右移让出了空间。

　　由于螺旋可以看作是绕在圆柱体上的斜楔，因此，螺钉（或螺母）夹紧力的计算与斜楔相似。图 1-62 是夹紧状态下螺杆的受力情况。图中，F_2 为工件对螺杆的摩擦力，分布在整个接触面上，计算时可视为集中在半径为 r' 的圆周上。r' 称为当量摩擦半径，它与接触形式有关（见表 1-9）。F_1 为螺孔对螺杆的摩擦力，也分布在整个接触面上，计算时可视为集中在螺纹中径 d_0 处。根据力矩平衡条件

$$F_Q L = F_2 r' + F_{RX} \frac{d_0}{2}$$

得

$$F_J = \frac{F_Q L}{\frac{d_0}{2} \mathrm{tg}\,(\alpha + \varphi_1) + r' \mathrm{tg}\varphi_2} \tag{1-24}$$

式中 F_J——夹紧力（N）；

　　F_Q——作用力（N）；

　　L——作用力臂（mm）；

　　d_0——螺纹中径（mm）；

　　α——螺纹升角（°）；

　　φ_1——螺纹处摩擦角（°）；

　　φ_2——螺杆端部与工件间的摩擦角（°）；

　　r'——螺杆端部与工件间的当量摩擦半径（mm）。

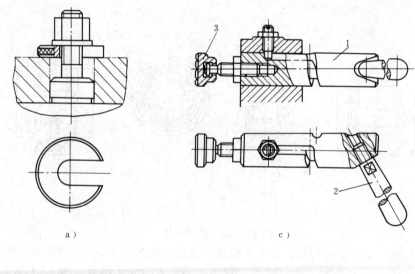

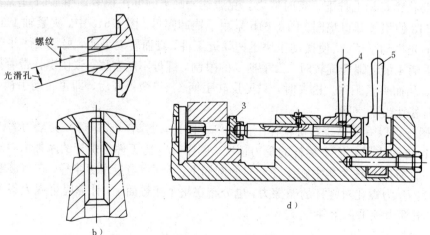

图 1-61　快速螺旋夹紧机构

1—夹紧轴　2、4、5—手柄　3—摆动压块

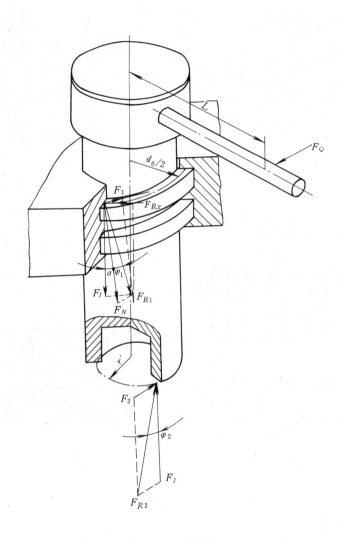

图 1-62　螺杆受力分析

表 1-9　螺杆端部的当量摩擦半径

形式	I	II	III	IV
	点接触	平面接触	圆周线接触	圆环面接触
简图				
r'	0	$\dfrac{1}{3}d_0$	$R\operatorname{ctg}\dfrac{\beta_1}{2}$	$\dfrac{1}{3}\dfrac{D^3-D_0^3}{D^2-D_0^2}$

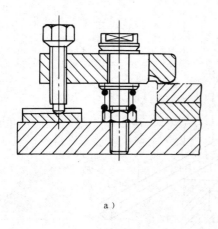
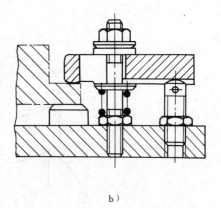

a）

b）

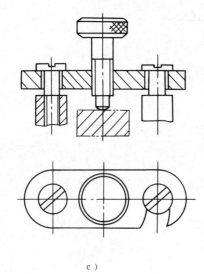
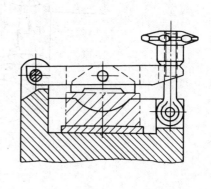

c）

d）

图 1-63　螺旋压板机构

2. 螺旋压板机构

夹紧机构中，结构型式变化最多的是螺旋压板机构。图
1-63 是螺旋压板机构的四种典型结构。图 1-63a、b 为移动压
板，图 1-63c、d 为回转压板。

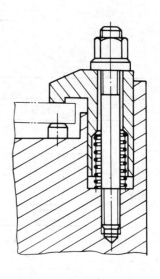

图 1-64 是螺旋钩形压板机构。其特点是结构紧凑，使用
方便。当钩形压板妨碍工件装卸时，可采用图 1-65 所示的自
动回转钩形压板，它避免了用手转动钩形压板的麻烦。

钩形压板回转时的行程和升程可按下面的公式计算

$$s = \frac{\pi d\phi}{360} \qquad (1-25)$$

$$h = \frac{s}{\text{tg}\beta} = \frac{\pi d\phi}{360\text{tg}\beta} \qquad (1-26)$$

或 $\qquad h = Kd \quad K = \frac{\pi\phi}{360\text{tg}\beta}$

式中　s——压板回转时沿圆柱转过的弧长（行程）（mm）；

图 1-64　螺旋钩形压板

h——压板回转时的升程（mm）；

ϕ——压板的回转角度（°）；

β——压板螺旋槽的螺旋角，一般取 $\beta=30°\sim40°$；

d——压板导向圆柱的直径；

K——压板升程系数（表1-10）。

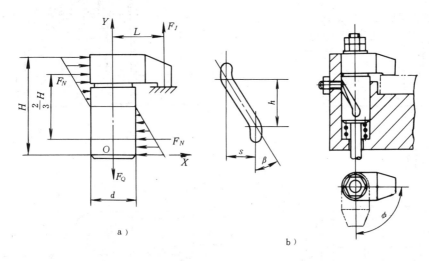

图 1-65　自动回转钩形压板

表 1-10　自动回转钩形压板的升程系数

螺旋角 β	升程系数 K			
	回转角 ϕ			
	30°	45°	60°	90°
30°	0.45	0.68	0.91	1.36
35°	0.73	0.56	0.75	1.12
40°	0.31	0.47	0.62	0.94

螺旋钩形压板所产生的夹紧力（N）

$$F_J=\frac{F_Q}{1+\dfrac{3Lf}{H}} \tag{1-27}$$

式中　F_Q——作用力（N）；

H——钩形压板的高度（mm）；

L——压板轴线至夹紧点的距离（mm）；

f——摩擦因数，一般取 $f=0.1\sim0.15$。

三、偏心夹紧机构

用偏心件直接或间接夹紧工件的机构，称为偏心夹紧机构。常用的偏心件是圆偏心轮和偏心轴，图1-66是偏心夹紧机构的应用实例。图1-66a、b用的是圆偏心轮，图1-66c用的是偏心轴，图1-66d用的是偏心叉。

偏心夹紧机构操作方便、夹紧迅速，缺点是夹紧力和夹紧行程都较小，一般用于切削力不大、振动小、夹压面公差小的加工中。

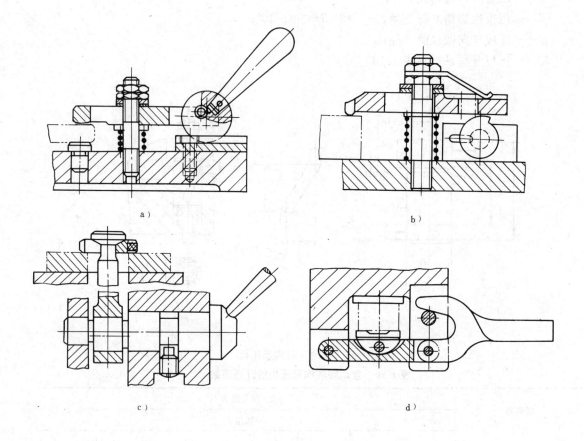

a)

b)

c)

d)

图 1-66 圆偏心夹紧机构

1. 圆偏心轮的工作原理

图 1-67 是圆偏心轮直接夹紧工件的原理图。图中，O_1 是圆偏心轮的几何中心，R 是它的几何半径。O_2 是偏心轮的回转中心，O_1O_2 是偏心距。

若以 O_2 为圆心，r 为半径画圆（点划线圆），便把偏心轮分成了三个部分。其中，虚线部分是个"基圆盘"，半径 $r = R - e$；另两部分是两个相同的弧形楔。当偏心轮绕回转中心 O_2 顺时针方向转动时，相当于一个弧形楔逐渐楔入"基圆盘"与工件之间，从而夹紧工件。

2. 圆偏心轮的夹紧行程及工作段

如图 1-68a 所示，当圆偏心轮绕回转中心 O_2 转动时，设轮周上任意点 x 的回转角为 θ_x，即工件夹压表面法线与 O_1O_2 连线间的夹角；回转半径为 r_x。用 θ_x、r_x 为坐标轴建立直角坐标系，再将轮周上各

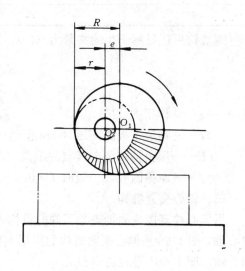

图 1-67 圆偏心轮的工作原理

点的回转角与回转半径一一对应地记入此坐标系中，便得到了圆偏心轮上弧形楔的展开图，如图 1-68b 所示。

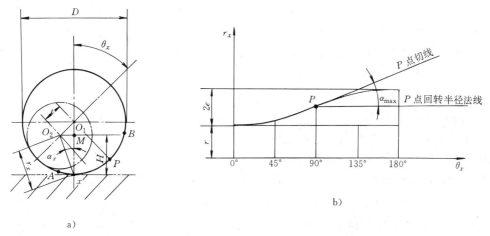

图 1-68　圆偏心轮的回转角 θ_x、升角 α_x 及弧形楔展开图

图 1-68 表明，当圆偏心轮从 0°回转到 180°时，其夹紧行程为 $2e$。图 1-68 还表明，轮周上各点的升角 α_x 是不等的，$\theta_x=90°$时的升角 α_P 最大（α_{max}）。升角 α_x 为工件夹压表面的法线与回转半径的夹角。在三角形△O_2Mx 中

$$\mathrm{tg}\alpha_x=\frac{O_2M}{Mx}$$

$$O_2M=e\sin\theta_x, \quad Mx=H=\frac{D}{2}-e\cos\theta_x \tag{1-28}$$

式中　H——夹紧高度。

所以

$$\mathrm{tg}\alpha_x=\frac{e\sin\theta_x}{\dfrac{D}{2}-e\cos\theta_x} \tag{1-29}$$

当 $\theta_x=0°$、180°时，$\sin\theta_x=0$，$\alpha_x=\alpha_{min}=0$；当 $\theta_x=90°$时，$\cos\theta_x=0$，$\sin\theta_x=1$，$\alpha_x=\alpha_P=\alpha_{max}=\mathrm{arctg}\dfrac{2e}{D}$，即

$$\mathrm{tg}\alpha_{max}=\frac{2e}{D} \tag{1-30}$$

圆偏心轮的工作转角一般小于 90°，因为转角太大，不仅操作费时，也不安全。工作转角范围内的那段轮周称为圆偏心轮的工作段。常用的工作段是 $\theta_x=45°\sim135°$或 $\theta_x=90°\sim180°$。在 $\theta_x=45°\sim135°$范围内，升角大，升角变化小，夹紧力较小而稳定，并且夹紧行程大（$h\approx1.4e$）。在 $\theta_x=90°\sim180°$范围内，升角由大到小，夹紧力逐渐增大，但夹紧行程较小（$h=e$）。

3. 圆偏心轮偏心量 e 的确定

如图 1-68 所示，设圆偏心轮工作段为 $\overset{\frown}{AB}$，根据式（1-28）在 A 点的夹紧高度 $H_A=\dfrac{D}{2}-e\cos\theta_A$，在 B 点的夹紧高度 $H_B=\dfrac{D}{2}-e\cos\theta_B$，夹紧行程 $h_{AB}=H_B-H_A=e(\cos\theta_A-\cos\theta_B)$，所以

$$e = \frac{h_{AB}}{\cos\theta_A - \cos\theta_B} \tag{1-31}$$

式中，夹紧行程为

$$h_{AB} = s_1 + s_2 + s_3 + \delta \tag{1-32}$$

式中　s_1——装卸工件所需的间隙，一般取 $s_1 \geqslant 0.3\text{mm}$；

　　　s_2——夹紧装置的弹性变形量，一般取 $s_2 = 0.05 \sim 0.15\text{mm}$；

　　　s_3——夹紧行程储备量，一般取 $s_3 = 0.1 \sim 0.3\text{mm}$；

　　　δ——工件夹压表面至定位面的尺寸公差。

4. 圆偏心轮的自锁条件

由于圆偏心轮夹紧工件的实质是弧形楔夹紧工件，因此，圆偏心轮的自锁条件应与斜楔的自锁条件相同，即

$$\alpha_{max} \leqslant \varphi_1 + \varphi_2$$

式中　α_{max}——圆偏心轮的最大升角；

　　　φ_1——圆偏心轮与工件间的摩擦角；

　　　φ_2——圆偏心轮与回转销之间的摩擦角。

由于回转销的直径较小，圆偏心轮与回转销之间的摩擦力矩不大，为使自锁可靠，将其忽略不计，上式便简化为

$$\alpha_{max} \leqslant \varphi_1$$

或　　　　$\text{tg}\alpha_{max} \leqslant \text{tg}\varphi_1$

因　$\text{tg}\varphi_1 = f$，代入上式

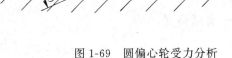

图 1-69　圆偏心轮受力分析

$$\text{tg}\alpha_{max} \leqslant f$$

而根据式（1-30）

$$\text{tg}\alpha_{max} = \frac{2e}{D}$$

所以，圆偏心轮的自锁条件是

$$\frac{2e}{D} \leqslant f \tag{1-33}$$

当 $f = 0.1$ 时，$\frac{D}{e} \geqslant 20$；当 $f = 0.15$ 时，$\frac{D}{e} \geqslant 14$。

5. 圆偏心轮的夹紧力

由于圆偏心轮周上各点的升角不同，因此，各点的夹紧力也不相等。图 1-69 为任意点 x 夹紧工件时圆偏心轮的受力情况。

设作用力为 F_Q，F_Q 的作用点至回转中心 O_2 的距离为 L，回转半径为 r_x，偏心距 $e = O_1 O_2$。

圆偏心轮夹紧工件时，受到的力矩为 $F_Q L$，可把圆偏心轮看成是作用在工件与转轴之间的弧形楔。可将力矩 $F_Q L$ 转化为力矩 $F'_Q r_x$，$F'_Q r_x = F_Q L$，所以 $F'_Q = \dfrac{F_Q L}{r_x}$。弧形楔上的作用力

$F'_Q\cos\alpha_P \approx F'_Q$，因此，与斜楔夹紧力公式相似，夹紧力

$$F_J = \frac{F'_Q}{\mathrm{tg}\varphi_1 + \mathrm{tg}\ (\alpha_x + \varphi_2)} = \frac{F_Q L}{r_x\ [\mathrm{tg}\varphi_1 + \mathrm{tg}\ (\alpha_x + \varphi_2)]}$$

当 $\theta_P = 90°$ 时，$r_P = \dfrac{R}{\cos\alpha_P}$，代入得

$$F_J = \frac{F_Q L\cos\alpha_P}{R\ [\mathrm{tg}\varphi_1 + \mathrm{tg}\ (\alpha_P + \varphi_2)]} \tag{1-34}$$

一般情况下，回转角 $\theta_P = 90°$ 时，$\alpha_P = \alpha_{\max}$，F_J 最小。只要计算出此时的夹紧力，若能满足要求，则偏心轮上其它各点的夹紧力都能满足要求。

6. 圆偏心轮的设计程序

(1) 确定夹紧行程　偏心轮直接夹紧工件时的夹紧行程 h_{AB} 为

$$h_{AB} = \delta + s_1 + s_2 + s_3$$

(2) 计算偏心距　确定工作段回转角范围，如 $\theta_{AB} = 45°\sim135°$ 或 $\theta_{AB} = 90°\sim180°$。偏心距为

$$e = \frac{h_{AB}}{\cos\theta_A - \cos\theta_B}$$

(3) 按自锁条件计算 D　$f = 0.1$ 时：$D = 20e$；$f = 0.15$ 时：$D = 14e$。

(4) 查"夹具标准"(GB/T2191—91～GB/T2194—91)或查"夹具手册"，确定圆偏心轮的其它参数。其结构如图 1-70 所示。

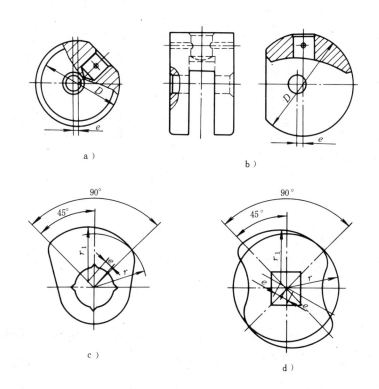

图 1-70　标准圆偏心轮的结构

第十节 工件装夹的实例分析

本章前面各节阐述了工件装夹的定位原理、常用的定位元件、定位误差的计算方法、确定夹紧力的原则和基本夹紧机构，本节将用实例说明怎样综合运用上述原理、原则和方法来装夹工件。

如图 1-71 所示，在拨叉上铣槽。根据工艺规程，这是最后一道机加工工序，加工要求有：槽宽 16H11，槽深 8mm，槽侧面与 ϕ25H7 孔轴线的垂直度为 0.08mm，槽侧面与 E 面的距离为 11 ± 0.2mm，槽底面与 B 面平行。试设计其定位装置和手动夹紧装置。

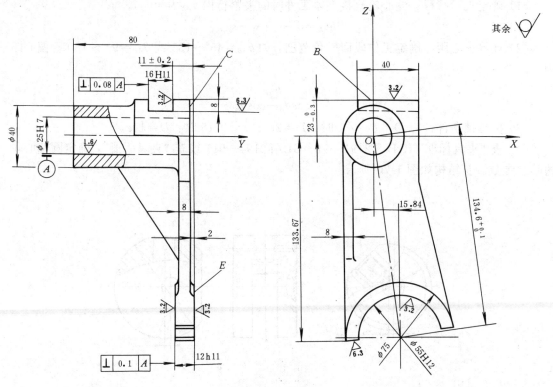

图 1-71 拨叉零件图

一、定位方案分析

1. 确定需要限制的自由度以及选择定位基面和定位元件

从加工要求考虑，在工件上铣通槽，沿 X 轴的位置自由度 $\vec{X}$ 可以不限制，但为了承受切削力、简化定位装置结构，$\vec{X}$ 还是要限制。工序基准为：ϕ25H7、E 面和 B 面。

现拟定三个定位方案如图 1-72 所示。

如图 1-72a 所示，工件以 E 面作为主要定位面，用支承板 1 限制三个自由度 $\vec{Y}$、$\widehat{X}$、$\widehat{Z}$，用短销 2 与 ϕ25H7 孔配合限制两个自由度 $\vec{X}$、$\vec{Z}$。为了提高工件的装夹刚度，在 C 处加一辅助支承。由于垂直度 0.08mm 的工序基准是 ϕ25H7 孔轴线，而工件绕 X 轴的角度自由度 $\widehat{X}$ 由 E 面限制，定位基准与工序基准不重合，不利于保证槽侧面与 ϕ25H7 孔轴线的垂直度。

图 1-72b 以 ϕ25H7 孔作为主要定位基面,用长销 3 限制工件四个自由度 $\vec{X}$、$\vec{Z}$、$\hat{X}$、$\hat{Z}$,用支承钉 4 限制一个自由度 $\vec{Y}$,在 C 处也放一辅助支承。由于 $\vec{X}$ 由长销限制,定位基准与工序基准重合,有利于保证槽侧面与 ϕ25H7 孔轴线的垂直度。但这种定位方式不利于工件的夹紧,因为辅助支承不能起定位作用,辅助支承上与工件接触的滑柱必须在工件夹紧后才能固定,当首先对支承钉 4 施加夹紧力时,由于其端面的面积太小,工件极易歪斜变形,夹紧也不可靠。

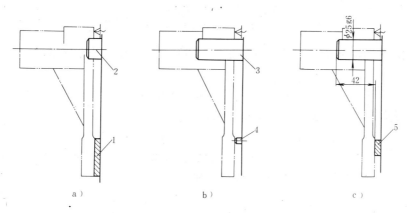

图 1-72 定位方案分析

1—支承板 2—短销 3—长销 4—支承钉 5—长条支承板

图 1-72c 用长销限制工件四个自由度 $\vec{X}$、$\vec{Z}$、$\hat{X}$、$\hat{Z}$,用长条支承板 5 限制两个自由度 $\vec{Y}$、$\hat{Z}$、$\hat{Z}$ 被重复限制,属重复定位。因为 E 面与 ϕ25H7 孔轴线的垂直度为 0.1mm,而工件刚性较差,0.1mm 在工件的弹性变形范围内,因此属可用重复定位。

比较上述三种方案,图 1-72c 所示方案较好。

按照加工要求,工件绕 Y 轴的自由度 $\hat{Y}$ 必须限制,限制的办法如图 1-73 所示。挡销放在图 1-73a 所示位置时,由于 B 面与 ϕ25H7 孔轴线的距离($23_{-0.3}^{\ 0}$ mm)较近,尺寸公差又大,因此防转效果差,定位精度低。挡销放在图 1-73b 所示位置时,由于距离 ϕ25H7 孔轴线较远,因而防转效果较好,定位精度较高,且能承受切削力所引起的转矩。

2. 计算定位误差

除槽宽 16H11 由铣刀保证外,本工序的主要加工要求是槽侧面与 E 面的距离 11±0.2mm 及槽侧面与 ϕ25H7 孔 轴 线 的 垂 直 度 0.08mm,其它要求未注公差,因而只要计算上述两项加工要求的定位误差即可。

(1)加工尺寸 11±0.2mm 的定位误差 采用图 1-72c 所示定位方案时,工序基准为 E 面,定位基准 E 面及 ϕ25H7 孔均影响该项误

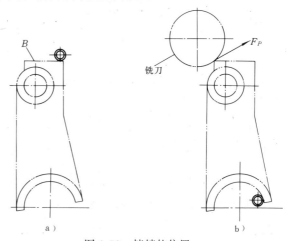

图 1-73 挡销的位置

差。当考虑 E 面为定位基准时，基准重合，$\Delta_B=0$；基准位移误差 $\Delta_Y=0$；因此定位误差 $\Delta_{D1}=0$。

当考虑 $\phi25H7$ 为定位基准时，基准不重合，基准不重合误差为 E 面相对 $\phi25H7$ 孔的垂直度误差，即 $\Delta_B=0.1mm$；由于长销与定位孔之间存在最大配合间隙 X_{max}，会引起工件绕 Z 轴的角度偏差 $\pm\Delta_{\alpha}$。取长销配合长度为 40mm，直径为 $\phi25g6$（$\phi25^{-0.009}_{-0.025}mm$），定位孔为 $\phi25H7$（$\phi25^{+0.025}_{0}mm$），则定位孔单边转角偏差（见图 1-74a）。

$$tg\Delta_{\alpha}=\frac{X_{max}}{2\times40}=\frac{0.25+0.25}{2\times40}=0.000625$$

此偏差将引起槽侧面对 E 面的偏斜，而产生尺寸 $11\pm0.2mm$ 的基准位移误差，由于槽长为 40mm，所以

$$\Delta_Y=2\times40tg\Delta_{\alpha}=2\times40\times0.000625mm=0.05mm$$

因工序基准与定位基面无相关的公共变量，所以

$$\Delta_{D2}=\Delta_Y+\Delta_B=（0.1+0.05）mm=0.15mm$$

在分析加工尺寸精度时，应计算影响大的定位误差 Δ_{D2}。此项误差略大于工件公差 δ_K（0.4mm）的 1/3，需经精度分析后确定是否合理。

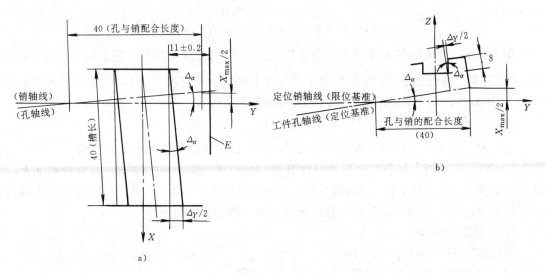

图 1-74 铣拨叉槽时的定位误差

（2）槽侧面与 $\phi25H7$ 孔轴线垂直度的定位误差　由于定位基准与工序基准重合，所以

$$\Delta_B=0$$

由于孔轴配合存在最大配合间隙 X_{max}，所以存在基准位移误差。定位基准可绕 X 轴产生两个方向的转动，其单方向的转角如图 1-74b 所示

$$tg\Delta_{\alpha}=\frac{X_{max}/2}{40}=\frac{0.025+0.025}{2\times40}=0.000625$$

此处槽深为 8mm，所以基准位移误差

$$\Delta_Y=2\times8tg\Delta_{\alpha}=2\times8\times0.000625mm=0.01mm$$

$$\Delta_D=\Delta_Y=0.01mm$$

由于定位误差只有垂直度要求（0.08mm）的 1/8，故此装夹方案的定位精度足够。

二、夹紧方案分析

前面已经提到，必须首先对长条支承板施加夹紧力，然后固定辅助支承的滑柱。由于支承板离加工表面较远，铣槽时的切削力又大，故需在靠近加工表面的地方再增加一个夹紧力。此夹紧力作用在图 1-75a 所示位置时，由于工件该部位的刚性差，夹紧变形大，因此，应如图 1-75b 所示，用螺母与开口垫圈夹压在工件圆柱的左端面。拨叉此处的刚性较好，夹紧力更靠近加工表面，工件变形小，夹紧也可靠。对着支承板的夹紧机构采用钩形压板，可使结构紧凑，操作也方便。

综合以上分析，拨叉铣槽的装夹方案应如图 1-76 所示。装夹时，先拧紧钩形压板 1，再固定滑柱 5，然后插上开口垫圈 3，拧紧螺母 2。

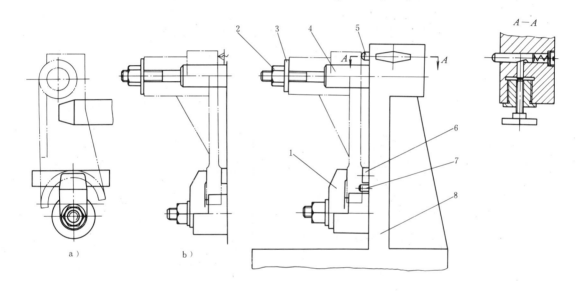

图 1-75　夹紧方案分析　　　　　　　图 1-76　拨叉的装夹方案

1—钩形压板　2—螺母　3—开口垫圈　4—长销
5—滑柱　6—长条支承板　7—挡销　8—夹具体

思考题与习题

1-1　工件在夹具中定位、夹紧的任务是什么？

1-2　什么叫六点定则？试以"夹具图册"中图 1-1 为例说明之。

1-3　什么是欠定位？为什么不能采用欠定位？试举例说明之。

1-4　什么是不可用重复定位？试分析图 1-77、图 1-78、图 1-79 中定位元件限制哪些自由度？是否合理？如何改进？

1-5　什么是定位副？试以"夹具图册"中图 1-2 为例说明。

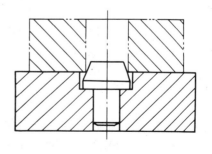

图 1-77　题 1-4 图

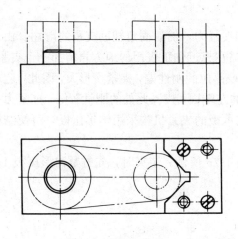

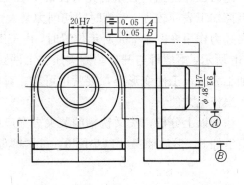

图 1-78　题 1-4 图　　　　　　　　　　　　　　图 1-79　题 1-4 图

1-6　根据六点定则，试分析图 1-80 所示各定位元件所限制的自由度。

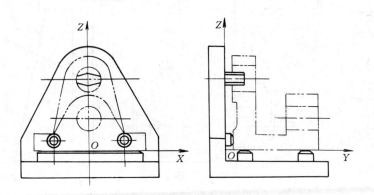

图 1-80　题 1-6 图

1-7　根据六点定则，试分析图 1-81a～l 的各定位方案中定位元件所限制的自由度。有无重复定位现象？是否合理？如何改正？

1-8　试分析图 1-82 中各工件需要限制的自由度、工序基准，选择定位基准（并用定位符号在图上表示）及各定位基准限制哪些自由度。

1-9　试分析"夹具图册"中图 3-3 的辅助支承起什么作用？

1-10　磨削图 1-83 所示套筒的外圆柱面，以内孔定位，设计所需的小锥度心轴。

1-11　V 形块的限位基准在哪里？V 形块的定位高度怎样计算？

1-12　造成定位误差的原因是什么？

1-13　用图 1-84 所示的定位方式铣削连杆的两个侧面，计算加工尺寸 $12^{+0.3}_{0}$ mm 的定位误差。

1-14　用图 1-85 所示的定位方式在阶梯轴上铣槽，V 形块的 V 形角 $\alpha=90°$，试计算加工尺寸 74 ± 0.1 mm 的定位误差。

1-15　计算"夹具图册"中图 3-1 所示夹具上工件对称度要求（0.2mm）的定位误差。

1-16　图 1-86 所示的阶梯形工件，B 面和 C 面已加工合格。今采用图 1-86a、b 两种定位方案加工 A 面，要求保证 A 面对 B 面的平行度误差不大于 $20'$（用角度误差表示）。已知 $L=100$ mm，B 面与 C 面之间的高度 $h=15^{+0.5}_{0}$ mm。试分析这两种定位方案的定位误差，并比较它们的优劣。

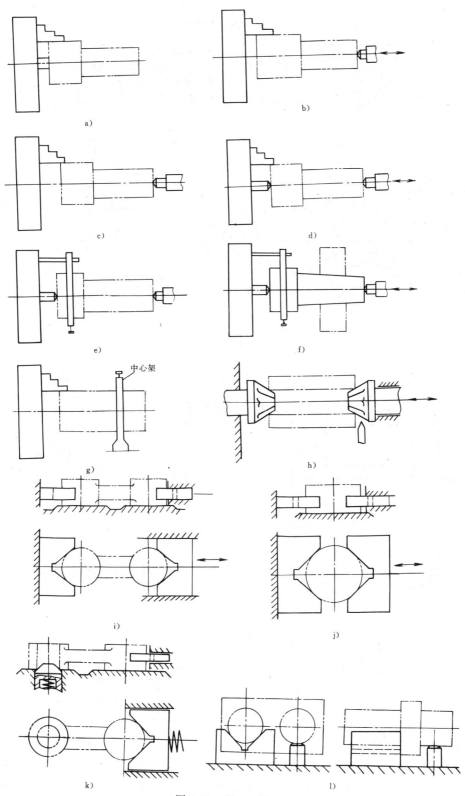

图 1-81   题 1-7 图

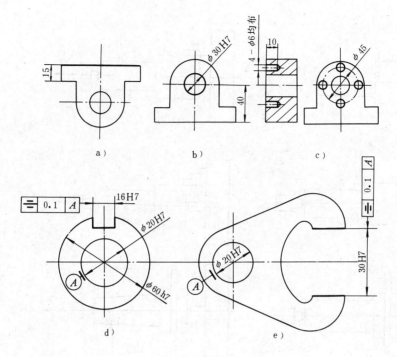

图 1-82   题 1-8 图

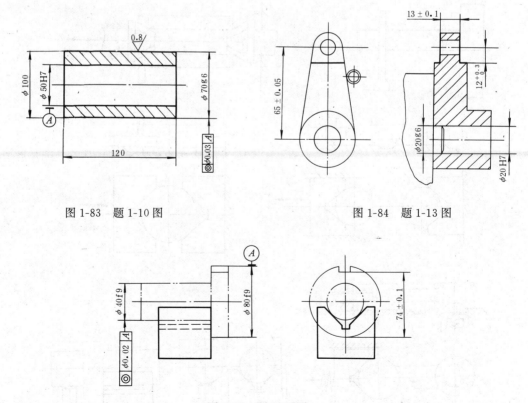

图 1-83   题 1-10 图

图 1-84   题 1-13 图

图 1-85   题 1-14 图

1-17   试设计"夹具图册"图 3-7 中一面两销定位装置的尺寸，并计算尺寸 15.5mm 的定位误差。

1-18   对夹紧装置的基本要求有哪些？

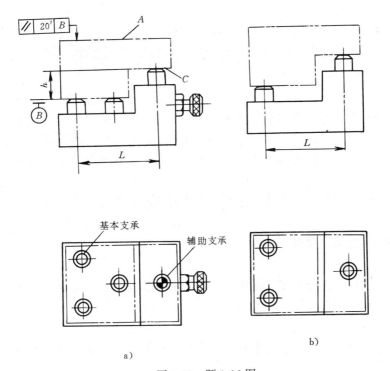

图 1-86　题 1-16 图

a）方案 I　　b）方案 II

1-19　试分析图 1-87 中夹紧力的作用点与方向是否合理，为什么？如何改进？

1-20　在"夹具图册"的图 2-2 所示的夹具上，已知切削力 $F_P=4400\mathrm{N}$（垂直夹紧力方向），试估算所需的夹紧力及气缸产生的推力 F_Q。结构示意如图 1-88 所示，已知 $\alpha=6°$，$f=0.15$，$d/D=0.2$，$l=h$，$L_1=L_2$。

1-21　分析三种基本夹紧机构的优缺点。

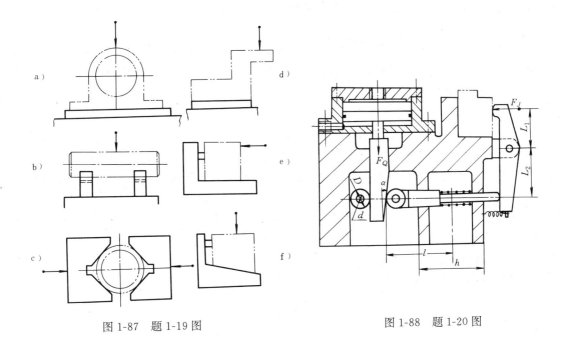

图 1-87　题 1-19 图

图 1-88　题 1-20 图

第二章 专用夹具的设计方法

在专用夹具设计中，除工件的定位和夹紧外，还有一些问题需要解决，如专用夹具的设计步骤、夹具体的设计、夹具总图上尺寸公差及技术要求的标注、工件在夹具中加工的精度分析、夹具的经济分析及机床夹具的计算机辅助设计等。这些问题将在本章中论述。

第一节 对专用夹具的基本要求和设计步骤

一、对专用夹具的基本要求

1. 保证工件的加工精度

专用夹具应有合理的定位方案，标注合适的尺寸、公差和技术要求，并进行必要的精度分析，确保夹具能满足工件的加工精度要求。

2. 提高生产效率

应根据工件生产批量的大小设计不同复杂程度的高效夹具，以缩短辅助时间，提高生产效率。

3. 工艺性好

专用夹具的结构应简单、合理，便于加工、装配、检验和维修。

专用夹具的制造属于单件生产。当最终精度由调整或修配保证时，夹具上应设置调整或修配结构，如设置适当的调整间隙，采用可修磨的垫片等。

4. 使用性好

专用夹具的操作应简便、省力、安全可靠，排屑应方便，必要时可设置排屑结构。

5. 经济性好

除考虑专用夹具本身结构简单、标准化程度高、成本低廉外，还应根据生产纲领对夹具方案进行必要的经济分析，以提高夹具在生产中的经济效益。

二、专用夹具设计步骤

1. 明确设计任务与收集设计资料

夹具设计的第一步是在已知生产纲领的前提下，研究被加工零件的零件图、工序图、工艺规程和设计任务书，对工件进行工艺分析。其内容主要是了解工件的结构特点、材料；确定本工序的加工表面、加工要求、加工余量、定位基准和夹紧表面及所用的机床、刀具、量具等。

其次是根据设计任务收集有关资料，如机床的技术参数，夹具零部件的国家标准、部颁标准和厂订标准，各类夹具图册、夹具设计手册等，还可收集一些同类夹具的设计图样，并了解该厂的工装制造水平，以供参考。

2. 拟定夹具结构方案与绘制夹具草图

1）确定工件的定位方案，设计定位装置。

2）确定工件的夹紧方案，设计夹紧装置。

3）确定对刀或导向方案，设计对刀或导向装置。

4）确定夹具与机床的连接方式，设计连接元件及安装基面。

5）确定和设计其它装置及元件的结构型式，如分度装置、预定位装置及吊装元件等。

6）确定夹具体的结构型式及夹具在机床上的安装方式。

7）绘制夹具草图，并标注尺寸、公差及技术要求。

3．进行必要的分析计算

工件的加工精度较高时，应进行工件加工精度分析。有动力装置的夹具，需计算夹紧力。当有几种夹具方案时，可进行经济分析，选用经济效益较高的方案。

4．审查方案与改进设计

夹具草图画出后，应征求有关人员的意见，并送有关部门审查，然后根据他们的意见对夹具方案作进一步修改。

5．绘制夹具装配总图

夹具的总装配图应按国家制图标准绘制。绘图比例尽量采用 1∶1。主视图按夹具面对操作者的方向绘制。总图应把夹具的工作原理、各种装置的结构及其相互关系表达清楚。

夹具总图的绘制次序如下：

1）用双点划线将工件的外形轮廓、定位基面、夹紧表面及加工表面绘制在各个视图的合适位置上。在总图中，工件可看作透明体，不遮挡后面夹具上的线条。

2）依次绘出定位装置、夹紧装置、对刀或导向装置、其它装置、夹具体及连接元件和安装基面。

3）标注必要的尺寸、公差和技术要求。

4）编制夹具明细表及标题栏。

完整的夹具装配总图可参阅"夹具图册"中的图 3-2、图 4-4 和图 5-1。

6．绘制夹具零件图

夹具中的非标准零件均要画零件图，并按夹具总图的要求，确定零件的尺寸、公差及技术要求。

第二节　夹具体的设计

夹具上的各种装置和元件通过夹具体连接成一个整体。因此，夹具体的形状及尺寸取决于夹具上各种装置的布置及夹具与机床的连接。

一、对夹具体的要求

1．有适当的精度和尺寸稳定性

夹具体上的重要表面，如安装定位元件的表面、安装对刀或导向元件的表面以及夹具体的安装基面（与机床相连接的表面）等，应有适当的尺寸和形状精度，它们之间应有适当的位置精度。

为使夹具体尺寸稳定，铸造夹具体要进行时效处理，焊接和锻造夹具体要进行退火处理。

2．有足够的强度和刚度

加工过程中，夹具体要承受较大的切削力和夹紧力。为保证夹具体不产生不允许的变形和振动，夹具体应有足够的强度和刚度。因此夹具体需有一定的壁厚，铸造和焊接夹具体常设置加强肋，或在不影响工件装卸的情况下采用框架式夹具体（如图 2-1c 所示）。

3. 结构工艺性好

夹具体应便于制造、装配和检验。铸造夹具体上安装各种元件的表面应铸出凸台，以减少加工面积。夹具体毛面与工件之间应留有足够的间隙，一般为 4～15mm。夹具体结构型式应便于工件的装卸，如图 2-1 所示，分为开式结构（图 2-1a）；半开式结构（图 2-1b）；框架式结构（图 2-1c）等。

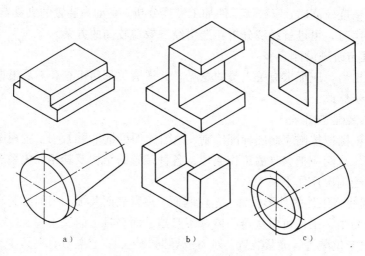

图 2-1　夹具体结构型式

a）开式结构　b）半开式结构　c）框架式结构

4. 排屑方便

切屑多时，夹具体上应考虑排屑结构。如图 2-2a 所示，在夹具体上开排屑槽；图 2-2b 为在夹具体下部设置排屑斜面，斜角可取 30°～50°。

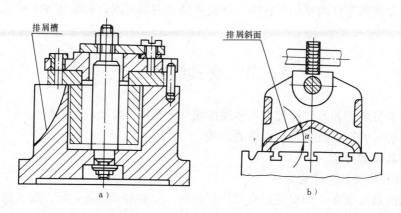

图 2-2　夹具体上设置排屑结构

5. 在机床上安装稳定可靠

夹具在机床上的安装都是通过夹具体上的安装基面与机床上相应表面的接触或配合实现的。当夹具在机床工作台上安装时，夹具的重心应尽量低，重心越高则支承面应越大；夹具底面四边应凸出，使夹具体的安装基面与机床的工作台面接触良好。夹具体安装基面的形式如图 2-3 所示，图 2-3a 为周边接触，图 2-3b 为两端接触，图 2-3c 为四个支脚接触。接触边或支脚的宽度应大于机床工作台梯形槽的宽度，应一次加工出来，并保证一定的平面精度；当夹具在机床主轴上安装时，夹具安装基面与主轴相应表面应有较高的配合精度，并保证夹具体安装稳定可靠。

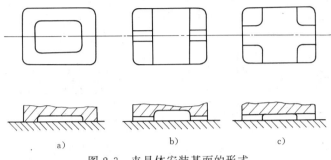

图 2-3　夹具体安装基面的形式
a) 周边接触　b) 两端接触　c) 四脚接触

二、夹具体毛坯的类型

1. 铸造夹具体

如图 2-4a 所示，铸造夹具体的优点是工艺性好，可铸出各种复杂形状，具有较好的抗压强度、刚度和抗振性，但生产周期长，需进行时效处理，以消除内应力。常用材料为灰铸铁（如 HT200），要求强度高时用铸钢（如 ZG270-500），要求重量轻时用铸铝（如 ZL104）。目前铸造夹具体应用较多。

2. 焊接夹具体

如图 2-4b 所示，它由钢板、型材焊接而成，这种夹具体制造方便、生产周期短、成本低、重量轻（壁厚比铸造夹具体薄）。但焊接夹具体的热应力较大，易变形，需经退火处理，以保证夹具体尺寸的稳定性。

3. 锻造夹具体

如图 2-4c 所示，它适用于形状简单、尺寸不大、要求强度和刚度大的场合。锻造后也需经退火处理。此类夹具体应用较少。

4. 型材夹具体

小型夹具体可以直接用板料、棒料、管料等型材加工装配而成。这类夹具体取材方便、生产周期短、成本低、重量轻，如各种心轴类夹具的夹具体及图 2-9 所示的钢套钻模夹具体。

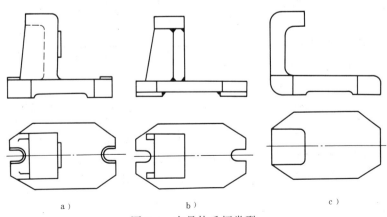

图 2-4　夹具体毛坯类型

5. 装配夹具体

如图 2-5 所示，它由标准的毛坯件、零件及个别非标准件通过螺钉、销钉连接，组装而成。标准件由专业厂生产。此类夹具体具有制造成本低、周期短、精度稳定等优点，有利于夹具标准化、系列化，也便于夹具的计算机辅助设计。

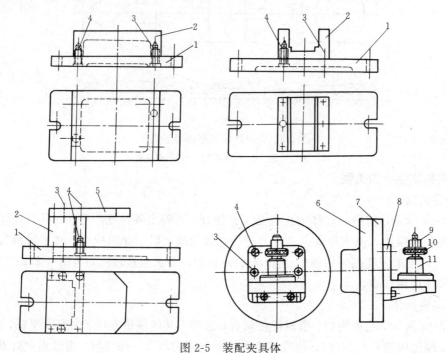

图 2-5　装配夹具体

1—底座　2—支承　3—销钉　4—螺钉　5—钻模板　6—过渡盘　7—花盘
8—角铁　9—螺母　10—开口垫圈　11—定位心轴

第三节　专用夹具设计示例

如图 2-6 所示，本工序需在钢套上钻 ϕ5mm 孔，应满足如下加工要求：ϕ5mm 孔轴线到端面 B 的距离 20 ± 0.1mm，ϕ5mm 孔对 ϕ20H7 孔的对称度为 0.1mm。工件材料为 Q235A 钢，批量 $N=500$ 件。需设计钻 ϕ5mm 孔的钻床夹具。

一、定位方案

工序基准为端面 B 及 ϕ20H7 孔的轴线，按基准重合原则，选 B 面及 ϕ20H7 孔为定位基准。定位方案如图 2-7a 所示，心轴限制四个自由度 $\vec{Y}$、$\vec{Z}$、$\hat{Y}$、$\hat{Z}$，

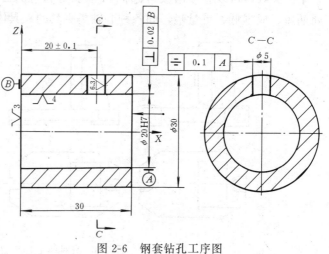

图 2-6　钢套钻孔工序图

台阶面限制三个自由度 $\vec{X}$、$\vec{Y}$、$\vec{Z}$，故重复限制了 $\overset{\frown}{Y}$、$\overset{\frown}{Z}$ 两个自由度。但由于 $\phi 20H7$ 孔的轴线与 B 面垂直度 $\delta_\perp = 0.02mm$，$\phi 20H7$（$\phi 20^{+0.021}_{0}mm$）与 $\phi 20f6$（$\phi 20^{-0.020}_{-0.033}mm$）的最小配合间隙 $X_{min} = 0.02mm$，两者相等，满足 $\delta_\perp < X_{min} + \varepsilon$ 的条件，因此一批工件在定位心轴上安装时不会产生干涉现象，这种定位属可用重复定位。定位心轴的右上部铣平，用来让刀和避免钻孔后的毛刺妨碍工件装卸。

二、导向方案

为能迅速、准确地确定刀具与夹具的相对位置，钻夹具上都应设置引导刀具的元件——钻套。钻套一般安装在钻模板上，钻模板与夹具体连接，钻套与工件之间留有排屑空间，如图 2-7b 所示。因工件批量小又是单一钻孔工序，所以此处选用固定式钻套。

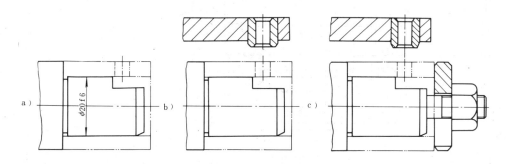

图 2-7　钢套的定位、导向、夹紧方案

三、夹紧方案

由于工件批量小，宜用简单的手动夹紧装置。钢套的轴向刚度比径向刚度好，因此夹紧力应指向限位台阶面。如图 2-7c 所示，采用带开口垫圈的螺旋夹紧机构，使工件装卸迅速、方便。

四、夹具体的设计

图 2-8 为采用铸造夹具体的钢套钻孔钻模。定位心轴 2 及钻模板 3 均安装在夹具体 1 上，夹具体 1 上的 B 面作为安装基面。此方案结构紧凑、安装稳定、刚性好，但制造周期较长，成本略高。图 2-9 为采用型材夹具体的钻模。夹具体由盘 1 及套 2 组成，定位心轴 3 安装在盘 1 上，套 2 下部为安装基面 B，上部兼作钻模板。此方案的夹具体为框架式结构。采用此方案的钻模刚度好、重量轻、取材容易、制造方便、制造周期短、成本较低。

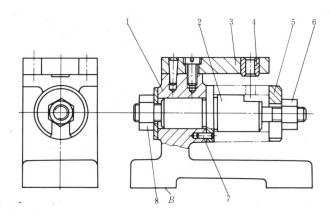

图 2-8　铸造夹具体钻模

1—铸造夹具体　2—定位心轴　3—钻模板　4—固定钻套
5—开口垫圈　6—夹紧螺母　7—防转销钉　8—锁紧螺母

五、绘制夹具装配总图

钻模的装配总图上应将定位心轴、钻模板与夹具体的连接结构表达清楚。

图 2-8 中的定位心轴 2 与铸造夹具体 1 采用过渡配合，用锁紧螺母 8 固定，用防转销钉 7 保证定位心轴的缺口朝上，并起防转作用。钻模板 3 与夹具体用两个螺钉、两个销钉连接。夹

76

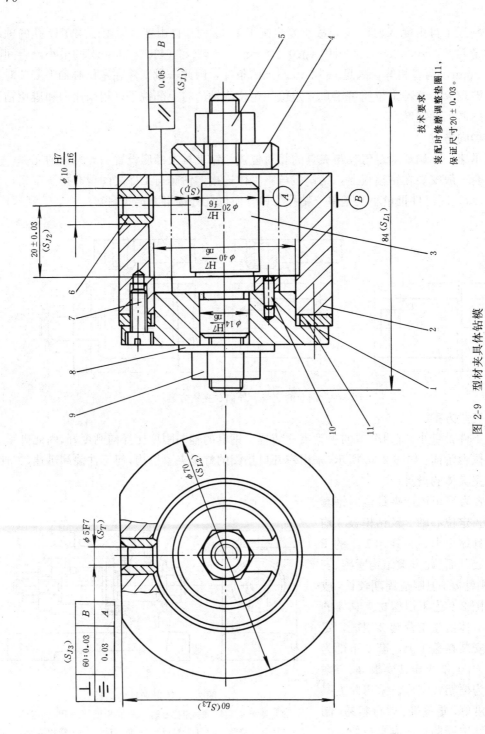

图 2-9　型材夹具体钻模

1—盘　2—套　3—定位心轴　4—开口垫圈　5—夹紧螺母　6—固定钻套　7—螺钉　8—垫圈　9—锁紧螺母
10—防转销钉　11—调整垫圈

技术要求

装配时修磨调整垫圈11，
保证尺寸20±0.03。

具装配时，待钻模板的位置调整准确后再拧紧螺钉，然后配钻、铰销钉孔，打入销钉定位。

图 2-9 中的定位心轴 3 与盘 1 的连接与图 2-8 同。套 2 与盘 1 采用过渡配合，并用 3 个螺钉 7 紧固。用修磨调整垫圈 11 的方法，保证钻套的正确位置。

第四节　夹具总图上尺寸、公差和技术要求的标注

一、夹具总图上应标注的尺寸和公差

1. 最大轮廓尺寸（S_L）

若夹具上有活动部分，则应用双点划线画出最大活动范围，或标出活动部分的尺寸范围。如图 2-9 中最大轮廓尺寸（S_L）为：84mm、ϕ70mm 和 60mm。在图 2-10 的车床夹具中，S_L 标注为 D 及 H。

2. 影响定位精度的尺寸和公差（S_D）

它们主要指工件与定位元件及定位元件之间的尺寸、公差，如图 2-9 中标注的定位基面与限位基面的配合尺寸 $\phi 20 \dfrac{H7}{f6}$；图 2-10 中标注为圆柱销及菱形销的尺寸 d_1、d_2 及销间距 $L \pm \delta_L$。

3. 影响对刀精度的尺寸和公差（S_T）

它们主要指刀具与对刀或导向元件之间的尺寸、公差，如图 2-9 中标注的钻套导向孔的尺寸 ϕ5F7。

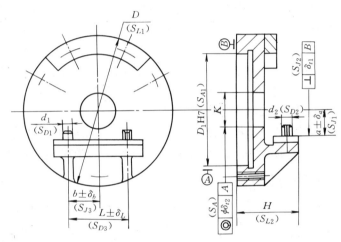

图 2-10　车床夹具尺寸标注示意

4. 影响夹具在机床上安装精度的尺寸和公差（S_A）

它们主要指夹具安装基面与机床相应配合表面之间的尺寸、公差，如图 2-10 中标注的安装基面 A 与车床主轴的配合尺寸 D_1H7 及找正孔 K 相对车床主轴的同轴度 $\phi \delta_{t2}$。在图 2-9 中，钻模的安装基面是平面，可不必标注。

5. 影响夹具精度的尺寸和公差（S_J）

它们主要指定位元件、对刀或导向元件、分度装置及安装基面相互之间的尺寸、公差和位置公差，如图 2-9 中标注的钻套轴线与限位基面间的尺寸 20±0.03mm、钻套轴线相对于定位心轴的对称度 0.03mm、钻套轴线相对于安装基面 B 的垂直度 60∶0.03、定位心轴相对于安装基面 B 的平行度 0.05mm；又如图 2-10 中标注的限位平面到安装基准的距离 $a \pm \delta_a$、限位平面相对安装基面 B 的垂直度 δ_{t1}。

6. 其它重要尺寸和公差

它们为一般机械设计中应标注的尺寸、公差，如图 2-9 中标注的配合尺寸 $\phi 14 \dfrac{H7}{n6}$、

$\phi 40 \dfrac{H7}{n6}$、$\phi 10 \dfrac{H7}{n6}$。

二、夹具总图上应标注的技术要求

夹具总图上无法用符号标注而又必须说明的问题，可作为技术要求用文字写在总图上。主要内容有：夹具的装配、调整方法，如几个支承钉应装配后修磨达到等高、装配时调整某元件或临床修磨某元件的定位表面等，以保证夹具精度；某些零件的重要表面应一起加工，如一起镗孔、一起磨削等；工艺孔的设置和检测；夹具使用时的操作顺序；夹具表面的装饰要求等。如图 2-9 中标注：装配时修磨调整垫圈 11，保证尺寸 20±0.03mm。

三、夹具总图上公差值的确定

夹具总图上标注公差值的原则是：在满足工件加工要求的前提下，尽量降低夹具的制造精度。

1. 直接影响工件加工精度的夹具公差 δ_J

夹具总图上标注的第二～五类尺寸的尺寸公差和位置公差均直接影响工件的加工精度。取夹具总图上的尺寸公差或位置公差为

$$\delta_J = (1/2 \sim 1/5)\delta_K \tag{2-1}$$

式中 δ_K——与 δ_J 相应的工件尺寸公差或位置公差。

当工件批量大、加工精度低时，δ_J 取小值，因这样可延长夹具使用寿命，又不增加夹具制造难度；反之取大值。

如图 2-9 中的尺寸公差、位置公差均取相应工件公差的 1/3 左右。

对于直接影响工件加工精度的配合尺寸，在确定了配合性质后，应尽量选用优先配合，如图 2-9 中的 $\phi20\dfrac{H7}{f6}$。

工件的加工尺寸未注公差时，工件公差 δ_K 视为 IT12～IT14，夹具上相应的尺寸公差按IT9～IT11 标注；工件上的位置要求未注公差时，工件位置公差 δ_K 视为 9～11 级，夹具上相应的位置公差按 7～9 级标注；工件上加工角度未注公差时，工件公差 δ_K 视为 $\pm30' \sim \pm10'$，夹具上相应的角度公差标为 $\pm10' \sim \pm3'$（相应边长为 10～400mm，边长短时取大值）。

2. 夹具上其它重要尺寸的公差与配合

这类尺寸的公差与配合的标注对工件的加工精度有间接影响。在确定配合性质时，应考虑减小其影响，其公差等级可参照"夹具手册"或《机械设计手册》标注。它们是图 2-9 中的配合尺寸 $\phi40\dfrac{H7}{n6}$、$\phi14\dfrac{H7}{n6}$、$\phi10\dfrac{H7}{n6}$。

第五节 工件在夹具上加工的精度分析

一、影响加工精度的因素

用夹具装夹工件进行机械加工时，其工艺系统中影响工件加工精度的因素很多。与夹具有关的因素如图 2-11 所示，有定位误差 Δ_D、对刀误差 Δ_T、夹具在机床上的安装误差 Δ_A 和夹具误差 Δ_J。在机械加工工艺系统中，影响加工精度的其它因素综合称为加工方法误差 Δ_G。上述各项误差均导致刀具相对工件的位置不精确，从而形成总的加工误差 $\Sigma\Delta$。

以图 2-9 钢套钻 $\phi5$mm 孔的钻模为例计算。

1. 定位误差 Δ_D

加工尺寸 20±0.1mm 的定位误差，$\Delta_D=0$。

对称度 0.1mm 的定位误差为工件定位孔与定位心轴配合的最大间隙。工件定位孔的尺寸为 $\phi20H7$（$\phi20^{+0.021}_{0}$mm），定位心轴的尺寸为 $\phi20f6$（$\phi20^{-0.020}_{-0.033}$mm）。

$$\Delta_D = X_{max} = （0.021+0.033）\text{mm} = 0.054\text{mm}$$

2. 对刀误差 Δ_T

因刀具相对于对刀或导向元件的位置不精确而造成的加工误差，称为对刀误差。如图 2-9 中钻头与钻套间的间隙，会引起钻头的位移或倾斜，造成加工误差。由于钢套壁厚较薄，可只计算钻头位移引起的误差。钻套导向孔尺寸为 $\phi5F7$（$\phi5^{+0.022}_{+0.010}$mm），钻头尺寸为 $\phi5h9$（$\phi5^{0}_{-0.03}$mm）。尺寸 20 ± 0.1mm 及对称度 0.1mm 的对刀误差均为钻头与导向孔的最大间隙

$$\Delta_T = X_{max} = （0.022+0.03）\text{mm} = 0.052\text{mm}$$

3. 夹具的安装误差 Δ_A

因夹具在机床上的安装不精确而造成的加工误差，称为夹具的安装误差。

图 2-9 中夹具的安装基面为平面，因而没有安装误差，$\Delta_A=0$。

图 2-10 中车床夹具的安装基面 D_1H7 与车床过渡盘配合的最大间隙为安装误差 Δ_A，或者把找正孔相对车床主轴的同轴度 δ_{t2} 作为安装误差。

4. 夹具误差 Δ_J

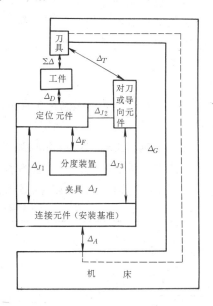

图 2-11　工件在夹具上加工时影响
加工精度的主要因素

因夹具上定位元件、对刀或导向元件、分度装置及安装基准之间的位置不精确而造成的加工误差，称为夹具误差。如图 2-11 所示，夹具误差 Δ_J 主要包含定位元件相对于安装基准的尺寸或位置误差 Δ_{J1}；定位元件相对于对刀或导向元件（包含导向元件之间）的尺寸或位置误差 Δ_{J2}；导向元件相对于安装基准的尺寸或位置误差 Δ_{J3}；若有分度装置时，还存在分度误差 Δ_F。以上几项共同组成夹具误差 Δ_J。

图 2-9 中，影响尺寸 20 ± 0.1mm 的夹具误差的定位面到导向孔轴线的尺寸公差 $\Delta_{J2}=0.06$mm，及导向孔对安装基面 B 的垂直度 $\Delta_{J3}=0.03$mm。

影响对称度 0.1mm 的夹具误差为导向孔对定位心轴的对称度 $\Delta_{J2}=0.03$mm（导向孔对安装基面 B 的垂直度误差 $\Delta_{J3}=0.03$mm 与 Δ_{J2} 在公差上兼容，只需计算其中较大的一项即可）。

5. 加工方法误差 Δ_G

因机床精度、刀具精度、刀具与机床的位置精度、工艺系统的受力变形和受热变形等因素造成的加工误差，统称为加工方法误差。因该项误差影响因素多，又不便于计算，所以常根据经验为它留出工件公差 δ_K 的 1/3。计算时可设

$$\Delta_G = \delta_K/3 \tag{2-2}$$

二、保证加工精度的条件

工件在夹具中加工时，总加工误差 $\Sigma\Delta$ 为上述各项误差之和。由于上述误差均为独立随机变量，应用概率法叠加。因此保证工件加工精度的条件是

$$\Sigma\Delta = \sqrt{\Delta_D^2 + \Delta_T^2 + \Delta_A^2 + \Delta_J^2 + \Delta_G^2} \leqslant \delta_K \tag{2-3}$$

即工件的总加工误差 $\Sigma\Delta$ 应不大于工件的加工尺寸公差 δ_K。

为保证夹具有一定的使用寿命，防止夹具因磨损而过早报废，在分析计算工件加工精度时，需留出一定的精度储备量 J_C。因此将上式改写为

$$\Sigma\Delta \leqslant \delta_K - J_C$$

或
$$J_C = \delta_K - \Sigma\Delta \geqslant 0 \tag{2-4}$$

当 $J_C \geqslant 0$ 时，夹具能满足工件的加工要求。J_C 值的大小还表示了夹具使用寿命的长短和夹具总图上各项公差值 δ_J 确定得是否合理。

三、在钢套上钻 ϕ5mm 孔的加工精度计算

在图 2-9 所示钻模上钻钢套的 ϕ5mm 孔时，加工精度的计算列于表 2-1 中。

由表 2-1 可知，该钻模能满足工件的各项精度要求，且有一定的精度储备。

表 2-1　用钻模在钢套上钻 ϕ5mm 孔的加工精度计算

误差计算　加工要求 误差名称	20±0.1mm	对称度为 0.1mm
Δ_D	0	0.054mm
Δ_T	0.052mm	0.052mm
Δ_A	0	0
Δ_J	$\Delta_{J2} + \Delta_{J3} = (0.06 + 0.03)$ mm	$\Delta_{J2} = 0.03$mm
Δ_G	$(0.2/3)$ mm $= 0.067$mm	$(0.1/3)$ mm $= 0.033$mm
$\Sigma\Delta$	$\sqrt{0.052^2 + 0.06^2 + 0.03^2 + 0.067^2}$mm $= 0.108$mm	$\sqrt{0.054^2 + 0.052^2 + 0.03^2 + 0.033^2}$mm $= 0.087$mm
J_C	$(0.2 - 0.108)$ mm $= 0.092$mm> 0	$(0.1 - 0.087)$ mm $= 0.013$mm> 0

第六节　夹具的经济分析

夹具的经济分析是研究夹具的复杂程度与工件工序成本的关系，以便分析比较和选定经济效益较好的夹具方案。

一、经济分析的原始数据

1）工件的年批量 N（件）。

2）单件工时 t_d（h）。

3）机床每小时的生产费用 f（元/h）。此项费用包括工人工资、机床折旧费、生产中辅料损耗费、管理费等。它的数值主要根据使用不同的机床而变化，一般情况下可参考各工厂规定的各类机床对外协作价。

4）夹具年成本 C_j（元）。C_j 为专用夹具的制造费用 C_z 分摊在使用期内每年的费用与全年使用夹具的费用之和。

专用夹具的制造费用 C_z 由下式计算

$$C_z = pm + tf_e \qquad (2\text{-}5)$$

式中　p——材料的平均价格（元/kg）；

　　　m——夹具毛坯的重量（kg）；

　　　t——夹具制造工时（h）；

　　　f_e——制造夹具的每小时平均生产费用（元/h）。

夹具年成本 C_j 由下式计算

$$C_j = \left(\frac{1 + K_1}{T} + K_2 \right) C_z \qquad (2\text{-}6)$$

式中　K_1——专用夹具设计系数，常取 0.5；

　　　K_2——专用夹具使用系数，常取 0.2 ～0.3；

　　　T——专用夹具使用年限，对于简单夹具，$T = 1a$；

对于中等复杂程度的夹具，$T = 2 \sim 3a$；对于复杂夹具，$T = 4 \sim 5a$。

二、经济分析的计算步骤

经济分析的计算步骤如表 2-2 所示。根据工序总成本公式：$C = C_j + C_{sd}N$，可作出各方案的成本与批量关系线，如图 2-12 所示。

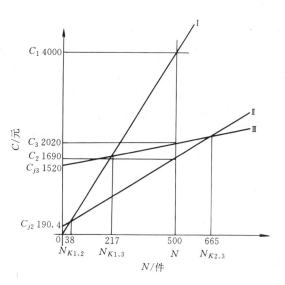

图 2-12　成本—批量关系

表 2-2　经济分析的计算步骤

序　号	项　目	计　算　公　式	单　位	备　注
1	工件年批量	N	件	已知
2	单件工时	t_d	h	已知
3	机床每小时生产费用	f	元/h	已知
4	夹具年成本	C_j	元	估算
5	生产效率	$\eta = 1/t_d$	件/h	
6	工序生产成本	$C_s = N t_d f = \dfrac{Nf}{\eta}$	元	
7	单件工序生产成本	$C_{sd} = C_s/N = t_d f = \dfrac{f}{\eta}$	元/件	
8	工序总成本	$C = C_j + C_s = C_j + C_{sd}N$	元	
9	单件工序总成本	$C_d = \dfrac{C}{N} = \dfrac{C_j + C_s}{N}$	元/件	
10	两方案比较的经济效益 $E_{1,2}$	$E_{1,2} = C_1 - C_2 = N\,(C_{d1} - C_{d2})$	元	

两个方案交点处的批量称临界批量 N_K。当批量为 N_K 时，两个方案的成本相等。在图 2-12 中，方案 Ⅰ、Ⅱ 的临界批量为 $N_{K1,2}$，当 $N > N_{K1,2}$ 时，$C_2 < C_1$，采用第二方案经济效益高；反之，应采用第一方案。

按成本相等条件，可求出临界批量 $N_{K1,2}$

$$C_{sd1}N_{K1,2}+C_{j1}=C_{sd2}N_{K1,2}+C_{j2}$$

$$N_{K1,2}=\frac{C_{j2}-C_{j1}}{C_{sd1}-C_{sd2}}=\frac{N(C_{j2}-C_{j1})}{C_{s1}-C_{s2}} \tag{2-7}$$

三、经济分析举例

设钢套（图 2-6）批量 $N=500$ 件，钻床每小时生产费用 $f=20$ 元/h。试分析下列三种加工方案的经济效益。

方案 I：不用专用夹具，通过划线找正钻孔。夹具年成本 $C_{j1}=0$，单件工时 $t_{d1}=0.4$h。

方案 II：用简单夹具，如图 2-9 所示。单件工时 $t_{d2}=0.15$h，设夹具毛坯重量 $m=2$kg，材料平均价 $p=16$ 元/kg，夹具制造工时 $t=4$h，制造夹具每小时平均生产费 $f_e=20$ 元/h，可估算出专用夹具的制造价格为

$$C_{Z2}=pm+tf_e=（16\times2+4\times20）元=112 元$$

计算夹具的年成本 C_{j2}。设 $K_1=0.5$，$K_2=0.2$，$T=1$a，则

$$C_{j2}=\left(\frac{1+K_1}{T}+K_2\right)C_1=\left(\frac{1+0.5}{1}+0.2\right)\times112 元=190.4 元$$

方案 III：采用如图 7-19 所示的自动化夹具。单件工时 $t_{d3}=0.05$h，设夹具毛坯重量 $m=30$kg，材料平均价格 $p=16$ 元，夹具制造工时 $t=56$h，制造夹具每小时平均生产费用 $f_e=20$ 元/h，则夹具制造价格为

$$C_{Z3}=pm+tf_e=（16\times30+56\times20）元=1600 元$$

计算夹具成本 C_{j3}。设 $K_1=0.5$，$K_2=0.2$，$T=2$a，则

$$C_{j3}=\left(\frac{1+K_1}{T}+K_2\right)C_1=\left(\frac{1+0.5}{2}+0.2\right)\times1600 元=1520 元$$

各方案的工序成本估算见表 2-3。

表 2-3　钢套钻孔各方案成本估算

	方案 I （不用夹具）	方案 II （简单夹具）	方案 III （半自动夹具）
t_d/h	0.4	0.15	0.05
$\eta=\left(\frac{1}{t_d}\right)\bigg/$（件·h^{-1}）	$\frac{1}{0.4}=2.5$	$\frac{1}{0.15}=6.7$	$\frac{1}{0.05}=20$
C_j/元	0	190.4	1520
$C_s=(Nt_df)$ /元	$500\times0.4\times20=4000$	$500\times0.15\times20=1500$	$500\times0.05\times20=500$
$C_{sd}=\left(\frac{C_s}{N}\right)\bigg/$（元·件$^{-1}$）	$\frac{4000}{500}=8$	$\frac{1500}{500}=3$	$\frac{500}{500}=1$
$C=(C_j+C_s)$ /元	4000	$190.4+1500=1690.4$	$1520+500=2020$
$C_d=\left(\frac{C}{N}\right)\bigg/$（元·件$^{-1}$）	$\frac{4000}{500}=8$	$\frac{1690.4}{500}=3.38$	$\frac{2020}{500}=4.04$

各方案的经济效益估算如下

$$E_{1,2}=C_1-C_2=（4000-1690.4）元=2309.6 元$$

$$E_{2,3}=C_2-C_3=（1690.4-2020）元=-329.6 元$$

$$E_{1,3}=C_1-C_3=（4000-2020）元=1980 元$$

可见，批量为 500 件时，用简单钻模经济效益最好，不用钻模经济效益最差。

图 2-12 是上述三个方案的成本—批量关系图。可算出三个方案的临界批量为

$$N_{K1,2} = \frac{C_{j2} - C_{j1}}{C_{sd1} - C_{sd2}} = \frac{190.4}{8 - 3} \text{ 件} = 38 \text{ 件}$$

$$N_{K2,3} = \frac{C_{j3} - C_{j2}}{C_{sd2} - C_{sd3}} = \frac{1520 - 190.4}{3 - 1} \text{ 件} = 665 \text{ 件}$$

$$N_{K1,3} = \frac{C_{j3} - C_{j1}}{C_{sd1} - C_{sd3}} = \frac{1520}{8 - 1} \text{ 件} = 217 \text{ 件}$$

可见，当工件批量小于 38 件时，不用专用夹具经济效益最好，批量为 38～665 件时，用简单钻模经济效益好；批量大于 665 件时，宜用半自动钻模。

在进行分析时，除考虑临界批量这一主要因素外，还应对加工精度、技术先进性等因素进行综合考虑。在批量略小于临界批量时，也可选用生产效率较高的后一方案。

第七节　机床夹具的计算机辅助设计简介

机械工业在激烈的市场竞争形势下，产品更新换代的周期缩短，因此也要求缩短夹具设计和制造的周期。采用机床夹具 CAD（计算机辅助设计）/CAM（机算机辅助制造）技术，可以大大缩短夹具设计和制造周期，实现优化设计，提高夹具标准化和通用化程度，使夹具制造方便，而且可进一步提高夹具的质量和降低成本。

近年来，由于微机升级换代速度加快，微机的普及率提高，也加速了夹具 CAD 的步伐。现代制造技术在我国已开始起步，数控机床、加工中心已得到广泛应用，柔性制造系统（FMS）也得到了一定的发展，我国的机械制造业已开始向 CAD/CAPP（计算机辅助加工工艺规程设计）/CAM 一体化迈进。在这种形势下，必然要求工装夹具实现 CAD/CAM。在产品的 CAD/CAPP/CAM 集成中，工装夹具的 CAD/CAM 已成为一个重要的组成环节。但目前还是最薄弱的一环，必须予以足够的重视。其关系如图 2-13 所示。

在 FMS 和 CAD/CAPP/CAM 集成中，使用的夹具一般都是柔性高的组合夹具、拼装夹具、成组夹具及通用可调夹具等。这些夹具标准化程度高、通用性强、建库方便，只要设计少数非标准元件，即可组成新的夹具，因此易于实现机床夹具的 CAD/CAM。目前国内一些厂家和高等院校已分别研制出适合于本单位的夹具 CAD 软件，其中成组夹具及组合夹具软件发展最快。这些软件已逐步减少人机对话，建立了专家系统知识库，实现夹具元件的自动选择、自动拼装和生成非标准件的 NC（数控）程序。

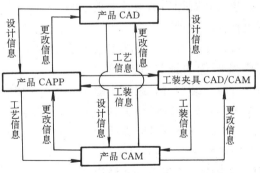

图 2-13　工装夹具 CAD/CAM 是产品
CAD/CAPP/CAM 中的重要一环

下面简介一套用于 FMS 的模块化计算机辅助成组夹具设计系统 CAGFD。该系统是在 AutoCAD 软件基础上进行二次开发的应用软件，可在 386 以上微机上运行。

CAGFD 软件的设计思路是对成组夹具进行模块化设计。所谓模块化设计，就是对具有特定用途和功能的结构元件或部件进行简化（用简图表示）和规范化（使其有相同的结合要

84

素），形成不同模块，以便能按实际需要从中选择适宜的模块进行组装，成为加工某一零件组的成组夹具，或在已有模块化成组夹具上增减或更换不同性能的子模块，组成加工新零件组的成组夹具。

模块按结构分为总成、部件、零件三级；按功能又分为基础零部件、定位支承零部件、夹紧零部件等类模块。每一模块具有独立的功能，模块间由对应的结合要素连接。模块以图库方式存储，也可以用参数化设计方式产生新模块，存储其参数化图。每一模块图应具有唯一的标识代码。该软件采用了机床夹具代码系统 JJDM（WJ/2319—93）作为夹具及其零部件的标识工具。

CAGFD 系统的流程框图如图 2-14 所示，软件由四个部分组成。

（1）工件、夹具编码 使用者只需按人机对话方式输入某一零件组简化工序图的工序信息（几何特征、加工要求、尺寸公差等），经信息处理后得到工件的编码和夹具总成的标识代码，并可查询是否有合适的成组夹具。

（2）夹具元件选择或设计按夹具标识代码选择通用元件模块或用参数化设计元件模块，也可在查询到的夹具上进行可换件的设计。

（3）夹具组装 根据组装规则及所选的或设计的模块图，计算组装位置，组装成能基本上满足要求的成组夹具。

（4）后处理 对所设计的夹具进行精度分析和夹紧力验算，满意后，将新设计的模块和夹具分别存入图库，并通过绘图机输出成组夹具组装图及非标准零件图。

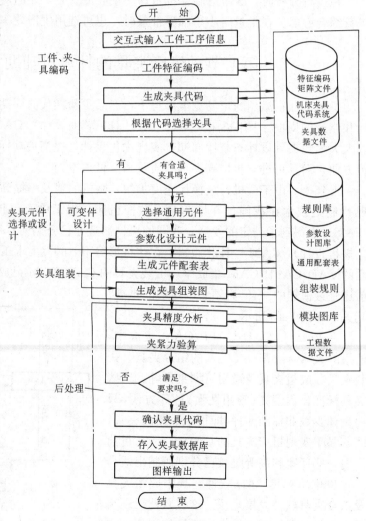

图 2-14 CAGFD 系统的流程框图

图 2-15 为 CAGFD 设计的分度式成组夹具。

此软件采用了模块的简化图，只需表示其外形和连接要素，并提供必要的工程信息（代码）即可，这样就大大减少了 CAGFD 软件的存储容量，并提高了处理信息的速度。软件选用机床夹具代码系统 JJDM 作为标识工具，使库内每一模块（总成、部件或零件）都有一个唯一的标识代码。代码包含此模块的全部信息，既便于设计调用，又便于夹具管理，实现了夹具设计和管理的一体化。系统内每一模块都允许修改、更新和扩充，使软件能不断适应机械加工技术的进步和发展。软件使用时间愈长，夹具库内存储的夹具愈多，使一般零件从中找到合适夹具的可能性愈大，这有利于成组夹具的通用化和标准化。该软件已基本上解决了总图组装时的二维消隐问题。该软件为开发夹具CAD/CAM与CAPP的接口打下了良好的基础。

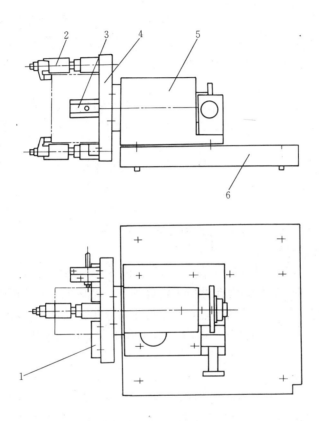

6	方形基础板	9010002	1
5	分度装置	864001	1
4	花盘	9011005	1
3	可调支承	821002	1
2	钩形压板	83B001	2
1	支承块	9139020	2
序号	零件名称	代码或规格	件数

图 2-15 CAGFD 设计的分度式成组夹具

思考题与习题

2-1 对专用夹具的基本要求是什么？

2-2 夹具体上哪些表面之间应有尺寸和位置精度要求？

2-3 夹具体的结构型式有几种？

2-4 夹具体毛坯有哪些类型？如何选用？

2-5 影响加工精度的因素有哪些？保证加工精度的条件是什么？何谓精度储备？

2-6 对"夹具图册"中图 3-2 所示钻夹具进行精度分析。

第三章 钻床夹具

在钻床上进行孔的钻、扩、铰、锪及攻螺纹时用的夹具，称为钻床夹具，俗称钻模。钻模上均设置钻套和钻模板，用以导引刀具。钻模主要用于加工中等精度、尺寸较小的孔或孔系。使用钻模可提高孔及孔系间的位置精度，其结构简单、制造方便，因此钻模在各类机床夹具中占的比重最大。

钻模的种类繁多，按钻模在机床上的安装方式可分为固定式和非固定式两类；按钻模的结构特点可分为普通式、分度式、盖板式、翻转式、滑柱式以及斜孔式等。

第一节 普通钻模

结构上除设置钻套和钻模板之外，没有其它独特特点的钻模，称为普通钻模。按在机床上的安装方式，普通钻模又可分为固定式和非固定式两种。

一、非固定式普通钻模

在立式钻床上加工直径小于 10mm 的小孔或孔系、钻模重量小于 15kg 时，由于钻削扭矩较小，加工时人力可以扶得住它，因此钻模不需要固定在钻床上。这类可以自由移动的钻模，称非固定式钻模。若结构上无独特的特点，则称为非固定式普通钻模。如图 0-4 后盖钻模、图 2-8、图 2-9 的钢套钻模及"夹具图册"中图 3-3，图 3-8 等，均为非固定式普通钻模。这类钻模应用最广。

二、固定式普通钻模

在立式钻床上加工直径大于 10mm 的单孔或在摇臂钻床上加工较大的平行孔系，或钻模重量超过 15kg 时，因钻削扭矩较大及人力移动费力，故钻模需固定在钻床上。这种加工一批工件时位置固定不动的钻模，称为固定式钻模。若在结构上无独特的特点，则称为固定式普通钻模。

在立式钻床上安装固定式钻模时，先将装在主轴上的刀具或心轴伸入钻套中，使钻模处于正确位置，然后将其紧固。因此，这类钻模加工精度较高。

图 3-1 为摇臂工序图，毛坯为锻件，ϕ25H7 孔及其两端面、ϕ16mm 锥孔及其两端面均已加工，本工序是在立式钻床上钻削 ϕ12mm 锁紧孔。加工孔的位置精度要求不高，故位置尺寸未标注公差。

图 3-2 为钻摇臂锁紧孔的固定式普通钻模。工件以一面两孔在定位心轴 6、定位板 8 及菱形销 2 上定位。由于两定位孔中心距未注公差，菱形销 2 可在夹具体的长孔内作一定的调整，以保

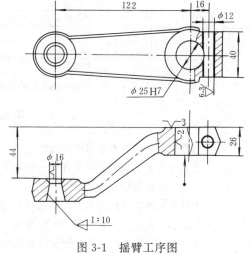

图 3-1 摇臂工序图

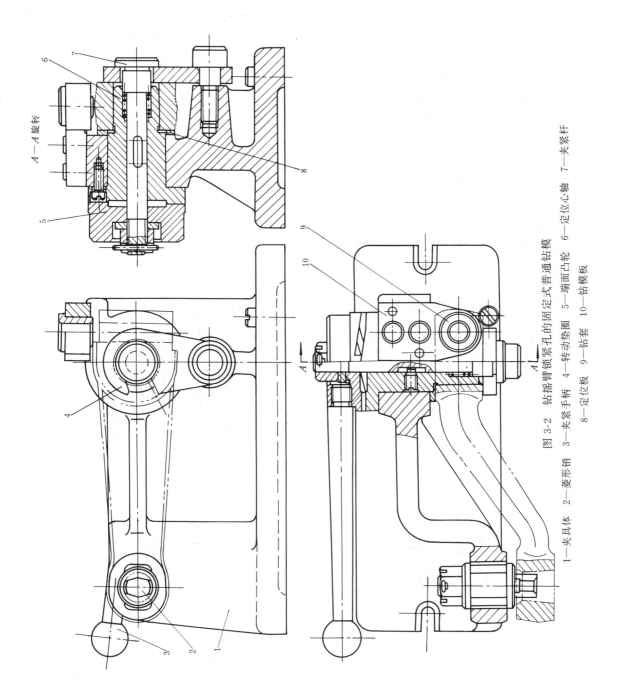

87

图 3-2　钻摇臂锁紧孔的固定式普通钻模

1—夹具体　2—菱形销　3—夹紧手柄　4—转动垫圈　5—端面凸轮　6—定位心轴　7—夹紧杆
8—定位板　9—钻套　10—钻模板

证每批工件都能顺利装夹。

逆时针转动夹紧手柄3，通过端面凸轮5使夹紧杆7向左移动，推动转动垫圈4，将工件夹紧。

钻套9安装在钻模板10上，可确定刀具相对夹具的位置。

由于夹具体的形状较复杂，故采用铸造夹具体。夹具体上设置耳座，底部四边铸出凸边。

"夹具图册"中图3-1为拨叉钻M10mm螺纹底孔固定式普通钻模。工件在此夹具上的装夹较典型。

三、钻套

钻套是钻模上特有的元件，用来引导刀具以保证被加工孔的位置精度和提高工艺系统的刚度。

1. 钻套类型

钻套可分为标准钻套和特殊钻套两大类。

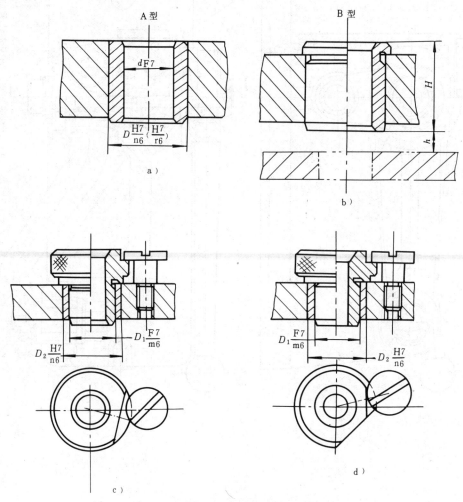

图3-3　标准钻套

a）A型固定钻套　b）B型固定钻套　c）可换钻套　d）快换钻套

已列入国家标准的钻套称为标准钻套。其结构参数、材料、热处理等可查"夹具标准"、或"夹具手册"。

标准钻套又分为固定钻套、可换钻套和快换钻套三种。

固定钻套（GB/T2263—91）如图 3-3a、b 所示，分 A、B 型两种，钻套安装在钻模板或夹具体中，其配合为 $\frac{H7}{n6}$ 或 $\frac{H7}{r6}$。固定钻套结构简单，钻孔精度高，适用于单一钻孔工序和小批生产，图 3-2 所示钻模上就采用这种钻套。结构尺寸参看附表 3。

可换钻套（GB/T2264—91）如图 3-3c 所示。当工件为单一钻孔工步、大批量生产时，为便于更换磨损的钻套，选用可换钻套。钻套与衬套（GB/T6623—91）之间采用 $\frac{F7}{m6}$ 或 $\frac{F7}{k6}$ 配合，衬套与钻模板之间采用 $\frac{H7}{n6}$ 配合。当钻套磨损后，可卸下螺钉（GB/T2268—91），更换新的钻套。螺钉能防止钻套加工时转动及退刀时脱出。

衬套结构尺寸可参看附表 4。

快换钻套（GB/T2265—91）如图 3-3d 所示。当工件需钻、扩、铰多工步加工时，为能快速更换不同孔径的钻套，应选用快换钻套。更换钻套时，将钻套缺口转至螺钉处，即可取出钻套。削边的方向应考虑刀具的旋向，以免钻套自动脱出。快换钻套的结构尺寸参看附表 5。

因工件的形状或被加工孔的位置需要而不能使用标准钻套时，需自行设计的钻套称特殊钻套。常见的特殊钻套如图 3-4 所示。图 3-4a 为加长钻套，在加工凹面上的孔时使用。为减少刀具与钻套的摩擦，可将钻套引导高度 H 以上的孔径放大。图 3-4b 为斜面钻套，用于在斜面或圆弧面上钻孔，排屑空间的高度 $h < 0.5$mm，可增加钻头刚度，避免钻头引偏或折断。图 3-4c 为小孔距钻套，用定位销确定钻套方向。图 3-4d 为兼有定位与夹紧功能的钻

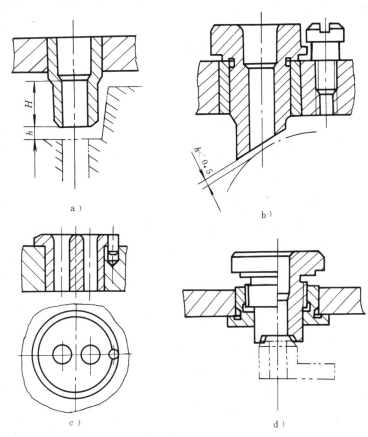

图 3-4 特殊钻套

a) 加长钻套 b) 斜面钻套 c) 小孔距钻套 d) 可定位、夹紧钻套

套，钻套与衬套之间一段为圆柱间隙配合，一段为螺纹联接，钻套下端为内锥面，具有对工件定位、夹紧和引导刀具三种功能。

2. 钻套的尺寸、公差及材料

一般钻套导向孔的基本尺寸取刀具的最大极限尺寸[○]，钻孔时其公差取 F7 或 F8，粗铰孔时公差取 G7，精铰孔时公差取 G6。若被加工孔为基准孔（如 H7、H9）时，钻套导向孔的基本尺寸可取被加工孔的基本尺寸，钻孔时其公差取 F7 或 F8，铰 H7 孔时取 F7，铰 H9 孔时取 E7。若刀具用圆柱部分导向（如接长的扩孔钻、铰刀等）时，可采用 $\dfrac{H7}{f7}$（g6）配合。

钻套的高度 H 增大，则导向性能好，刀具刚度提高，加工精度高，但钻套与刀具的磨损加剧。一般取 $H=1\sim2.5d$。

排屑空间 h 指钻套底部与工件表面之间的空间。增大 h 值，排屑方便，但刀具的刚度和孔的加工精度都会降低。钻削易排屑的铸铁时，常取 $h=(0.3\sim0.7)d$；钻削较难排屑的钢件时，常取 $h=(0.7\sim1.5)d$。工件精度要求高时，可取 $h=0$，使切屑全部从钻套中排出。

钻套的材料参看附表 2。

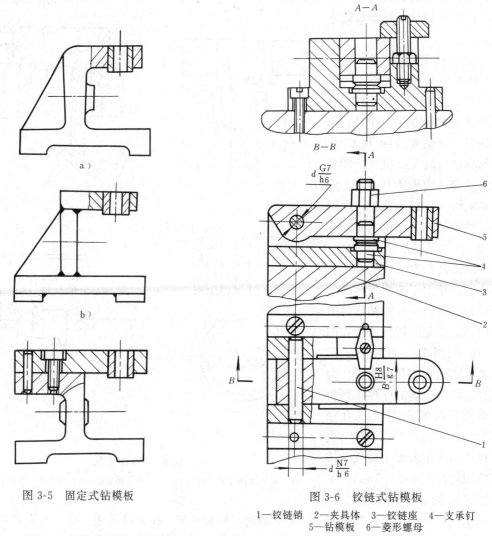

图 3-5　固定式钻模板　　　　图 3-6　铰链式钻模板

1—铰链销　2—夹具体　3—铰链座　4—支承钉
5—钻模板　6—菱形螺母

○　钻一般精度孔的钻头公差取 h9；孔精度高时，钻头公差取 h8。铰 H7 孔时，铰刀公差取 m5；铰 H8 孔时，取 n5；铰 H9 孔时，取 n6。

四、钻模板

钻模板用于安装钻套，并确保钻套在钻模上的正确位置。常见的钻模板有以下几种。

1. 固定式钻模板

固定在夹具体上的钻模板称为固定式钻模板。图 3-5a 为钻模板与夹具体铸成一体；图 3-5b 为两者焊接成一体；图 3-5c 为用螺钉和销钉联接的钻模板，这种钻模板可在装配时调整位置，因而使用较广泛。固定式钻模板结构简单、钻孔精度高。

2. 铰链式钻模板

当钻模板妨碍工件装卸或钻孔后需攻螺纹时，可采用如图 3-6 所示的铰链式钻模板。

铰链销 1 与钻模板 5 的销孔采用 $\dfrac{\text{G7}}{\text{h6}}$ 配合，与铰链座 3 的销孔采用 $\dfrac{\text{N7}}{\text{h6}}$ 配合。钻模板 5 与铰链座 3 之间采用 $\dfrac{\text{H8}}{\text{g7}}$ 配合。钻套导向孔与夹具安装面的垂直度可通过调整两个支承钉 4 的高度加以保证。加工时，钻模板 5 由菱形螺母 6 锁紧。由于铰链销孔之间存在配合间隙，用此类钻模板加工的工件精度比固定式钻模板低。

"夹具图册"中图 3-8 为在变速箱盖上锪沉孔的铰链钻模板钻床夹具。

3. 可卸式钻模板

在图 3-7 所示气动可调式钻模上，采用了可卸钻模板 3。工件先在可更换预定位元件（定位板 4）上预定位，可卸钻模板 3 与工件止口配合实现五点定位，夹紧气缸 6 的活塞杆（夹紧

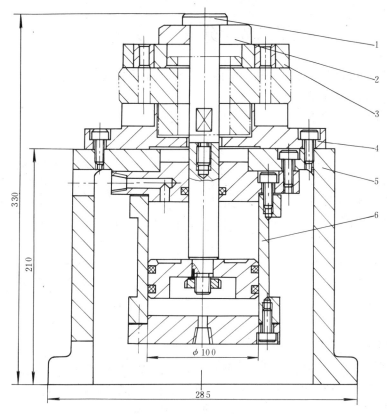

图 3-7 带可卸式钻模板的可调整钻模

1—夹紧拉杆 2—开口垫圈 3—可卸钻模板 4—定位板 5—夹具体 6—夹紧气缸

拉杆1)通过开口垫圈2将可卸钻模板3与工件一起压紧。这类钻模板的定位精度高,可与工件一起装卸。

五、钻模对刀误差 Δ_T 的计算

如图 3-8 所示,刀具与钻套的最大配合间隙 X_{max} 的存在会引起刀具的偏斜,将导致加工孔的偏移量 X_2

$$X_2=\frac{B+h+H/2}{H}X_{max} \qquad (3-1)$$

式中　B——工件厚度;

$\quad\quad H$——钻套高度;

$\quad\quad h$——排屑空间的高度。

工件厚度大时,按 X_2 计算对刀误差:$\Delta_T=X_2$;工件薄时,按 X_{max} 计算对刀误差:$\Delta_T=X_{max}$。

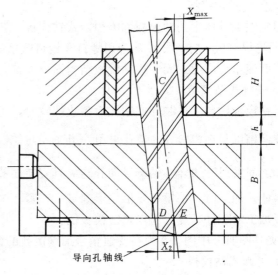

图 3-8　钻模对刀误差

实践证明,用钻模钻孔时加工孔的偏移量远小于上述理论值。因加工孔的孔径 D' 大于钻头直径 d,由于钻套孔径 D 的约束,一般情况下 $D'=D$,即加工孔中心实际上与钻套中心重合,因此 Δ_T 趋于零。

第二节　分度式钻模

加工同一圆周上的平行孔系、同一截面内的径向孔系或同一直线上的等距孔系时,钻模上应设置分度装置。带有分度装置的钻模称为分度式钻模。

图 3-9 为法兰钻四孔工序图,本工序加工四个均布的 $\phi10mm$ 孔。图 3-10 为用于该工序的分度式钻模。工件以端面、$\phi82mm$ 止口和四个 $R10mm$ 的圆弧面之一在回转台 7 和活动 V 形块 10 上定位。逆时针转动手柄 11,使活动 V 形块 10 转到水平位置,在弹簧力作用下,

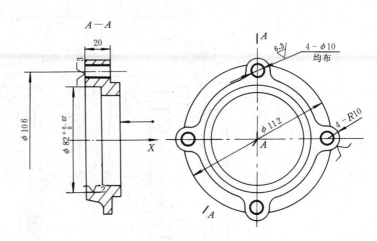

图 3-9　法兰钻四孔工序图

卡在 $R10mm$ 的圆弧面上,限制工件绕轴线的自由度;通过螺母 2 和开口垫圈 3 压紧工件。采用铰链式钻模板 1,便于装卸工件。钻完一个孔后,拧松锁紧螺钉 14,使滑柱 13、锁紧块 12 与回转台 7 松开,拉出手柄 11 并旋转 90°,使活动 V 形块 10 脱离工件,向上推动手柄 5,使对定爪 6 脱开分度盘 8,转动回转台 7,对定爪 6 在弹簧销 4 的作用下自动插入分度盘 8 的下

一个槽中，实现分度对定；然后拧紧锁紧螺钉14，通过滑柱13、锁紧块12锁紧回转台7，便可钻削第二个孔。依同样方法加工其它孔。

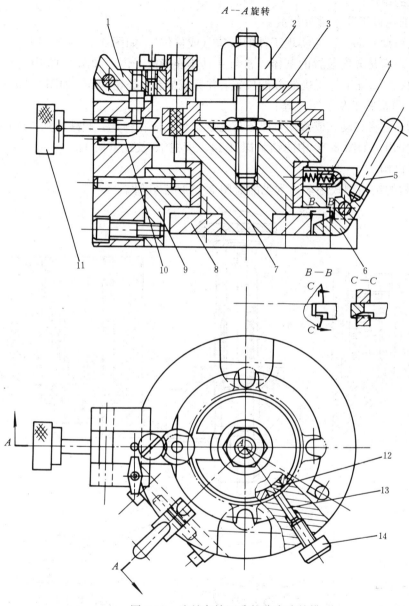

图 3-10　法兰盘钻四孔的分度式钻模

1—铰链式钻模板　2—螺母　3—开口垫圈　4—弹簧销　5、11—手柄　6—对定爪　7—回转台

8—分度盘　9—夹具体　10—活动V形块　12—锁紧块　13—滑柱　14—锁紧螺钉

"夹具图册"中图 3-4 为曲柄腹板钻五孔分度式钻模。

一、分度装置

工件一次装夹后，能按一定规律依次改变工件加工位置的装置，称为分度装置。分度装置广泛用在各类机床夹具上。

分度装置分为两类，一类为直线分度装置；另一类为回转分度装置。回转分度装置又根据回转轴相对于夹具体安装基面的位置分为立式分度、卧式分度及斜式分度三种。图 3-10 中的分度装置即为立式回转分度装置。

1. 分度装置的组成

分度装置一般由以下几个部分组成：

1）转动（或移动）部分。它实现工件的转位（或移位），如图 3-10 中的回转台 7。

2）固定部分。它是分度装置的基体，常与夹具体连接成一体，如图 3-10 中的夹具体 9。

3）对定机构。它保证工件正确的分度位置，并完成插销、拔销动作，如图 3-10 中的对定爪 6、分度盘 7、弹簧销 4 及手柄 5 等。

4）锁紧机构。它将转动（或移动）部分与固定部分紧固在一起，起减小加工时的振动和保护对定机构的作用，如图 3-10 中的锁紧螺钉 14、滑柱 13 及锁紧块 12。

2. 分度对定机构

分度对定机构的结构型式很多，常见的有图 3-11 所示几种。

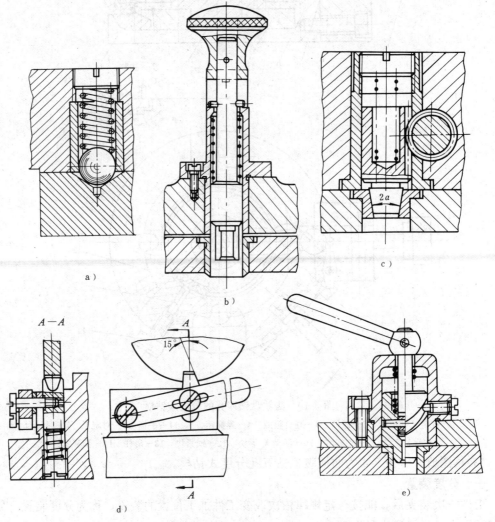

图 3-11　分度对定机构
a）钢球对定机构　b）手拉式菱形销对定机构　c）齿轮齿条操纵圆锥销对定机构
d）杠杆操纵单斜面对定机构　e）枪栓式圆柱销对定机构

　　图 3-11a 为钢球对定机构,其结构简单,操作方便,但分度精度不高,对定也不可靠,因此常用于精度不高的场合,或作预定位;图 3-11b 为手拉式菱形销(或圆柱销)对定机构(GB/T 2215—91)。这类机构操纵方便,结构较简单,制造较容易;并且在对定销插入分度套时能将灰尘和污物推出,不需要严格的防尘措施;对定销与分度套之间常采用$\frac{H7}{g6}$配合;在回转分度装置中用菱形销对定,可降低分度套到分度盘转轴中心的尺寸要求。这两种结构在中等精度的分度装置中应用较广泛。图 3-11c 为齿轮齿条操纵的圆锥销对定机构。圆锥销对定时可消除配合间隙,提高分度对定精度;但灰尘或污物进入分度套后,会使圆锥销与分度套不能紧密配合而影响分度精度,因此这类对定机构应有防尘措施。图 3-11d 为杠杆操纵单斜面对定机构。它用直边对定,直边插入时可推除污物,斜面处污物不影响对定误差。这种对定方式的防尘要求不高,而分度精度较高,因而使用较多。图 3-11e 为枪栓式圆柱销对定机构(GB/T2216—91)。图 3-10 的分度对定机构为单斜面对定机构。

　　图 3-12 为分度与对定联合操纵的机构,手柄 6 逆时针转到双点划线位置时,手柄上的凸

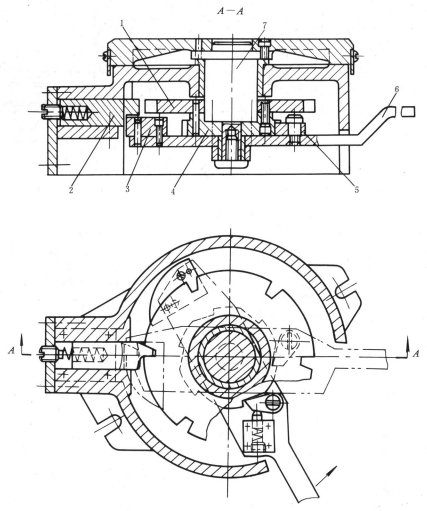

图 3-12　分度与对定联合操纵机构

1—分度盘　2—对定销　3—凸块　4—棘轮　5—棘爪　6—手柄　7—转轴

块 3 推动对定销 2 下部的圆弧凸台，压缩弹簧使对定销 2 从分度盘 1 的分度槽中退出。此时装在手柄上的棘爪 5 在棘轮 4 上滑过，并嵌入下一个棘轮槽中；然后将手柄 6 再顺时针转到实线位置，此时棘爪 5 拨动棘轮，同时带动分度盘和转盘转过一个工位。对定销 2 在弹簧力作用下，插入下一个分度槽中，实现对定。此机构只要将手柄往复转动一次，便能完成拔销和分度对定几个动作，因而操作方便、迅速。但此机构没有锁紧装置，只能用于切削力不大的场合。

3. 锁紧机构

除通常的螺杆、螺母锁紧机构外，锁紧机构还有多种结构型式。图 3-13a 为偏心轮锁紧机构，转动手柄 3，偏心轮 2 通过支板 1 将回转台 5 压紧在底座 4 上。图 3-13b 为楔式锁紧机构，通过带斜面的梯形压紧钉 9 将回转台 6 压紧在底座上。图 3-13c 为切向锁紧机构，转动手柄 11，锁紧螺杆 13 使两个锁紧套 12 相对运动，将转轴 10 锁紧。图 3-13d 为压板锁紧机构，转动手柄 11，通过压板 15 将回转台 6 压紧在底座 4 上。

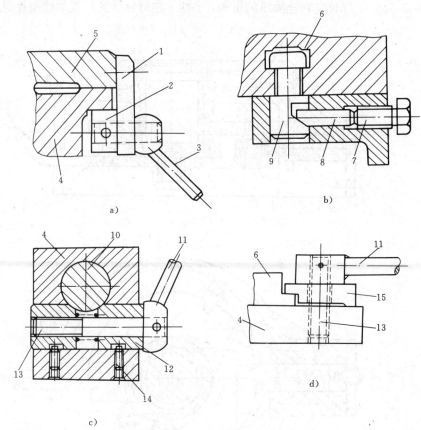

图 3-13　锁紧机构

a）偏心轮锁紧机构　b）楔式锁紧机构　c）切向锁紧机构　d）压板锁紧机构

1—支板　2—偏心轮　3、11—手柄　4—底座　5、6—回转台　7—螺钉　8—滑柱　9—梯形压紧钉

10—转轴　12—锁紧套　13—锁紧螺杆　14—防转螺钉　15—压板

二、分度误差

分度装置分度时，最大分度值与最小分度值之差为分度误差。

下面以圆柱销对定机构为例计算分度误差。

1. 直线分度误差

从图 3-14a 可知，影响分度误差的主要因素如下：

X_1——对定销与分度套的最大间隙；

X_2——对定销与固定套的最大间隙；

e——分度套内外圆的同轴度；

2δ——分度盘两相邻孔距的公差值。

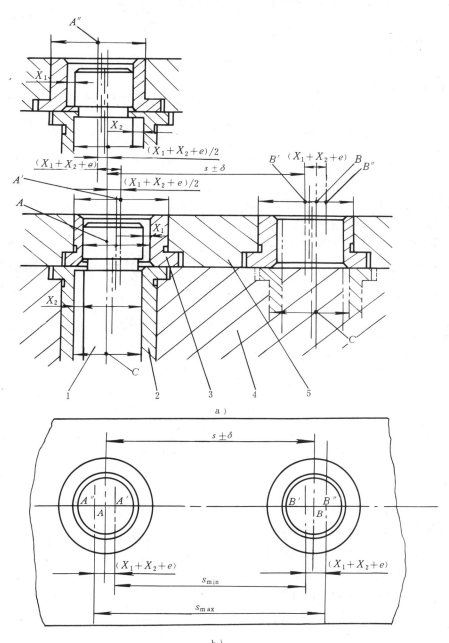

a)

b)

图 3-14 直线分度误差

1—圆柱对定销 2—固定套 3—分度套 4—底座 5—分度盘

固定套中心 C 在对定过程中位置不变，当圆柱对定销 1 与固定套 2 右边接触、与 A 孔分度套 3 左边接触时，分度盘 A 孔中心向右偏移到 A'，其最大偏移量为 $(X_1+X_2+e)/2$。同理，当圆柱对定销 1 与固定套 2 左边接触、与分度套 3 右边接触时，分度盘 A 孔中心向左偏移到 A''，其最大偏移量为 $(X_1+X_2+e)/2$。因此 A 孔对定时，最大偏移量为 $A'A''=X_1+X_2+e$。同理，其相邻的 B 孔对定时，最大偏移量 $B'B''=X_1+X_2+e$。分度盘 A、B 两孔间还存在孔距公差 2δ。

由图 3-14b 可得出 A、B 两孔的最小分度距离为

$$s_{\min}=s-(\delta+X_1+X_2+e)$$

其最大分度距离为

$$s_{\max}=s+(\delta+X_1+X_2+e)$$

因此直线分度误差为

$$\Delta_F=s_{\max}-s_{\min}=2(\delta+X_1+X_2+e)$$

由于影响分度误差的各项因素都是独立随机变量，故可按概率法叠加

$$\Delta_F = 2\sqrt{\delta^2 + X_1^2 + X_2^2 + e^2} \tag{3-2}$$

2. 回转分度误差

如图 3-15a 所示，在回转分度中，对定销在分度盘相邻两个分度套中对定的情况与直线分度相似，其分度误差受 $\Delta_F=2\times\sqrt{\delta^2+X_1^2+X_2^2+e^2}$ 的影响，此外还受分度盘回转轴与轴孔之间最大间隙 X_3 的影响。

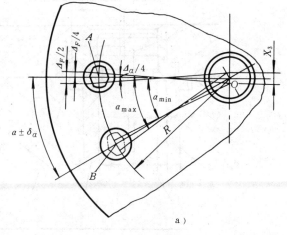

回转分度误差 Δ_α 可根据图 3-15b 中的几何关系求出

$$\Delta_\alpha=\alpha_{\max}-\alpha_{\min}$$

$$\Delta_\alpha/4 = \text{arctg}\,\frac{\Delta_F/4 + X_3/2}{R}$$

$$\Delta_\alpha = 4\,\text{arctg}\,\frac{\Delta_F + 2X_3}{4R} \tag{3-3}$$

$$\Delta_F = 2\sqrt{\delta^2 + X_1^2 + X_2^2 + e^2}$$

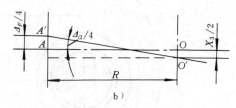

式中　Δ_α——回转分度误差；

　　$\alpha_{\max}$——相邻两孔最大分度角；

　　$\alpha_{\min}$——相邻两孔最小分度角；

　　Δ_F——菱形销在分度套中的对定误差；

　　$2\delta_\alpha$——分度盘相邻两孔的角度公差；

　　2δ——$2\delta_\alpha$ 在分度套中心处所对应的弧长，$2\delta=\dfrac{2\delta_\alpha\pi R}{180°}$；

　　X_3——分度盘回转轴与轴承间的最大间隙；

　　R——回转中心到分度套中心的距离。

图 3-15　回转分度误差

三、端齿盘分度装置简介

图 3-16 为简易的端齿盘分度装置。上齿盘 1 与下齿盘 2 啮合时，相当于端齿盘上全部齿都参加对定，虽然各齿距间也存在一定的制造误差，但在啮合时，互相受到牵制，正、负误差互相抵消，使误差均化，从而实现高精度分度。转动偏心轴 4 可通过心轴 3 将上齿盘 1 抬起，使上、下齿盘脱开，即可转动上齿盘实现分度。

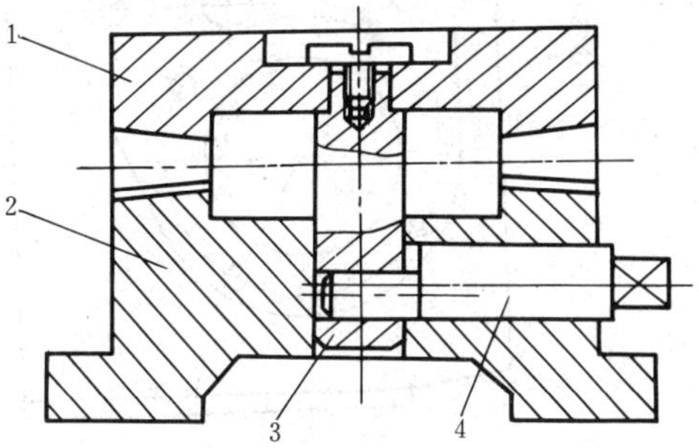

端齿盘分度装置的主要优点为：

1）分度精度高，可达±3″～±15″，最高可达 0.1″。

2）精度保持好。端齿分度装置的使用过程相当于上、下齿盘对研的过程。使用时间愈久，啮合精度越高。

3）刚性好。整个分度装置形成一个整体，能承受各个方向的切削力。

4）分度范围大。端齿盘齿数愈多，最小分度值愈小，分度范围愈大。

图 3-16　直牙端齿分度装置简图
1—上齿盘　2—下齿盘　3—心轴　4—偏心轴

端齿分度盘已成为通用的分度装置，可以外购，使用较广泛。

第三节　其它钻模

一、盖板式钻模

图 3-17 为主轴箱七孔盖板式钻模，右边为工序简图，需加工两个大孔周围的七个螺纹底孔，工件其它表面均已加工完毕。以工件上两个大孔及其端面作为定位基面，在钻模板的圆柱销 2、菱形销 6 及四个定位支承钉 1 组成的平面上定位。钻模板在工件上定位后，旋转螺杆 5，推动钢球 4 向下，钢球同时使三个柱塞 3 外移，将钻模板夹紧在工件上。该夹紧机构称内涨器（GB/T2217—91）。

盖板式钻模的特点是定位元件、夹紧装置及钻套均设在钻模板上，钻模板在工件上装夹。它常用于床身、箱体等大型工件上的小孔加工，也可用于在中、小工件上钻孔。加工小孔的盖板式钻模，因钻削力矩小，可不设置夹紧装置。

此类钻模结构简单、制造方便、成本低廉、加工孔的位置精度较高，在单件、小批生产中也可使用，因此应用很广。

"夹具图册"中图 3-5 也是盖板式钻模，由于工件大，钻孔直径大，用了内涨器及双偏心两套夹紧装置；为减轻钻模板重量，钻模板上设置了加强肋。

二、翻转式钻模

图 3-18 所示为加工螺塞上三个轴向孔和三个径向孔的翻转式钻模。工件以螺纹大径及台阶面在夹具体 1 上定位，用两个钩形压板 3 压紧工件，夹具体 1 的外形为六角形，工件一次装夹后，可完成六个孔的加工。

翻转式钻模主要用于加工小型工件不同表面上的孔。它的结构比回转分度式钻模简单，适合于中、小批量工件的加工。由于加工时钻模需在工作台上翻转，因此夹具的重量不宜过大，

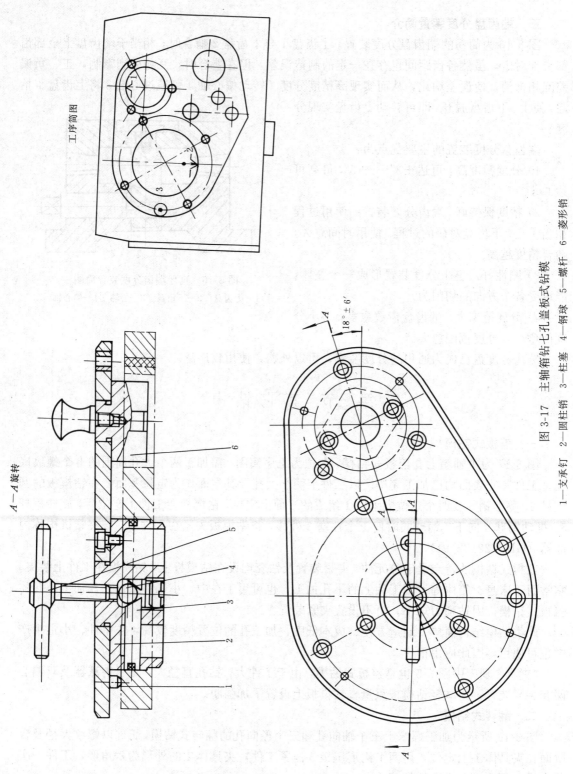

工序简图

A—A旋转

18°±6′

图 3-17 主轴箱钻七孔盖板式钻模

1—支承钉 2—圆柱销 3—柱塞 4—钢球 5—螺杆 6—菱形销

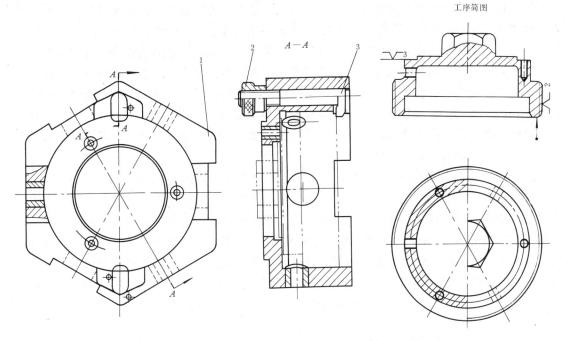

图 3-18 螺塞上钻六孔翻转式钻模

1—夹具体 2—夹紧螺母 3—钩形压板

一般应小于 10kg。

"夹具图册"中图 3-2 为拨叉钻小头孔及与其垂直的锁紧孔的翻转式钻模。

三、滑柱式钻模

滑柱式钻模是带有升降钻模板的通用可调夹具。图 3-19 为手动双滑柱式钻模的通用结构。

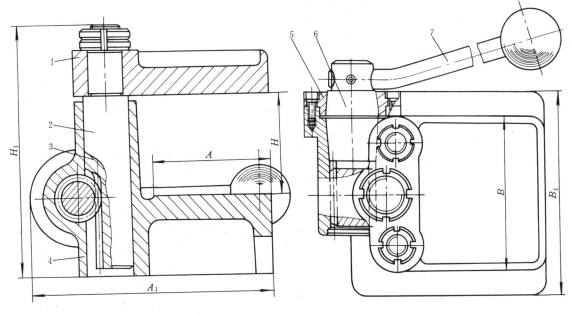

图 3-19 双滑柱钻模

1—钻模板 2—滑柱 3—齿条柱 4—夹具体 5—套环 6—齿轮轴 7—手柄

钻模板 1 套装在两个滑柱 2 及齿条柱 3 上,用螺母紧固。滑柱装在夹具体 4 的导向孔中,转动手柄 7 时,齿轮轴 6 上螺旋角为 45°的螺旋齿轮传动齿条柱 3,带动钻模板 1 上、下移动。齿轮轴 6 的一端制成双向锥体,锥度为 1∶15,与夹具体 4 及套环 5 的锥孔配合。当钻模板下降而夹紧工件时,齿轮轴受轴向分力,使锥体楔紧在夹具体的锥孔中。由于锥角小,具有自锁性能,加工过程中不会松夹。加工结束,钻模板升到最高处时,可使另一段锥面楔紧在套环 5 的锥孔中。由于自锁作用,在装卸工件时,钻模板不会因自身重量而下降。滑柱式钻模的平台上可根据需要安装定位装置,钻模板上可设置钻套、夹紧元件及定位元件等。滑柱式钻模的结构尺寸,可查阅"夹具手册"。

图 3-20 为滑柱钻模的应用实例,可用它加工杠杆类零件上的孔。工序简图如右下方所示,孔的两端面已经加工,工件在支承 1 的平面、定心夹紧套 3 的三锥爪和防转定位支架 2 的槽中定位;钻模板下降时,通过定心夹紧套 3 使工件定心夹紧。支承 1 上的三锥爪仅起预定位作用。图 3-20 中件 1～4 为专用件,其它均为通用件。滑柱式钻模操作方便、迅速,其通用结构已标准化、系列化,可向专业厂购买。使用部门仅需设计定位、夹紧和导向元件,从而缩短设计制造周期。但滑柱与导向孔之间的配合间隙会影响加工孔的位置精度。夹紧工件时,钻模板上将承受夹紧反力。为避免钻模板变形而影响加工精度,钻模板应有一定的厚度,并设

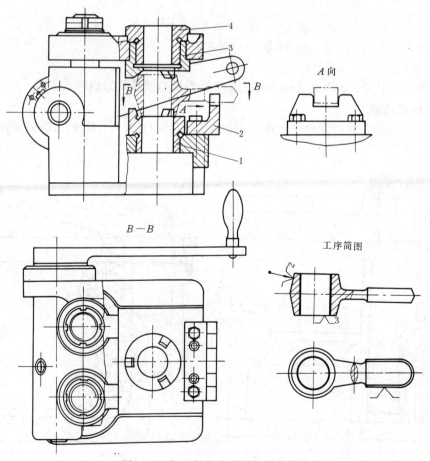

图 3-20 加工杠杆类零件的滑柱钻模

1—支承 2—防转定位支架 3—定心夹紧套 4—钻套

置加强肋，以增加刚度。滑柱式钻模适用于钻铰中等精度的孔和孔系。

"夹具图册"中图 3-7 为加工轴承盖的滑柱式钻模。

第四节　斜孔钻模设计示例

图 3-21 为托架工序图，工件的材料为铸铝，年产 1000 件，已加工面为 $\phi33H7$ 孔及其两端面 A、C 和距离为 44mm 的两侧面 B。本工序加工两个 M12mm 的底孔 $\phi10.1$mm，试设计钻模。

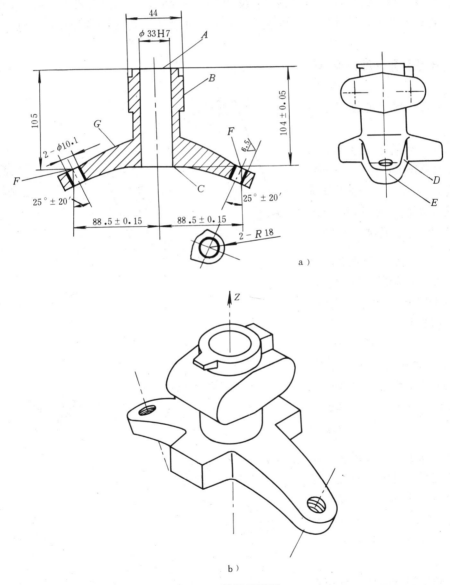

图 3-21　托架工序图

一、工艺分析

1. 工件加工要求

1）$\phi10.1$mm 孔轴线与 $\phi33H7$ 孔轴线的夹角为 $25°\pm20'$。

2）$\phi10.1$mm 孔到 $\phi33H7$ 孔轴线的距离为 88.5 ± 0.15mm。

3）两加工孔对两个 $R18$mm 轴线组成的中心面对称（未注公差）。

此外，105mm 的尺寸是为了方便斜孔钻模的设计和计算而必须标注的工艺尺寸。

2. 工序基准

根据以上要求，工序基准为 $\phi33H7$ 孔、A 面及两个 $R18$mm 的中间平面。

3. 其它一些需要考虑的问题

为保证钻套及加工孔轴线垂直于钻床工作台面，主要限位基准必须倾斜，主要限位基准相对钻套轴线倾斜的钻模称为斜孔钻模；设计斜孔钻模时，需设置工艺孔；两个 $\phi10.1$mm 孔应在一次装夹中加工，因此钻模应设置分度装置；工件加工部位刚度较差，设计时应考虑加强。

二、托架斜孔分度钻模结构设计

1. 定位方案和定位装置的设计

方案 1：选工序基准 $\phi33H7$ 孔、A 面及 $R18$mm 作定位基面。如图 3-22a 所示，以心轴和端面限制五个自由度，在 $R18$mm 处用活动 V 形块 1 限制一个角度自由度 $\vec{Z}$。加工部位设置两个辅助支承钉 2，以提高工件的刚度。此方案由于基准完全重合而定位误差小，但夹紧装置与导向装置易互相干扰，而且结构较大。

方案 2：选 $\phi33H7$ 孔、C 面及 $R18$mm 作定位基面。其结构如图 3-22b 所示，心轴及其端面限制五个自由度，用活动 V 形块 1 限制 $\vec{Z}$。在加工孔下方用两个斜楔作辅助支承。此方案虽然工序基准 A 与定位基准 C 不重合，但由于尺寸 105mm 精度不高，故影响不大；此方案结构紧凑，工件装夹方便。

为使结构设计方便，选用第二方案更有利。

2. 导向方案

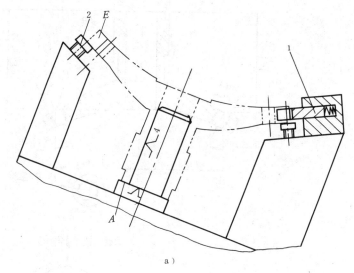

a）

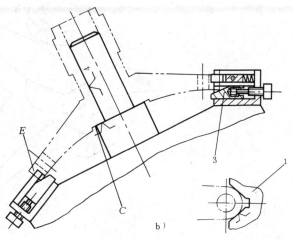

b）

图 3-22　托架定位方案

1—活动 V 形块　2—辅助支承钉　3—斜楔辅助支承

由于两个加工孔是螺纹底孔，可直接钻出；又因批量不大，故宜选用固定钻套。在工件装卸方便的情况下，尽可能选用固定式钻模板。导向方案如图 3-23a 所示。

3. 夹紧方案

为便于快速装卸工件，采用螺钉及开口垫圈夹紧机构，如图 3-23b 所示。

4. 分度方案

由于两个 ϕ10.1mm 孔对 ϕ33H7 孔的对称度要求不高（未标注公差），设计一般精度的分度装置即可。如图 3-23c 所示，回转轴 1 与定位心轴做成一体，用销钉与分度盘 3 连接，在夹具体 6 的回转套 5 中回转。采用圆柱对定销 2 对定、锁紧螺母 4 锁紧。此分度装置结构简单、制造方便，能满足加工要求。

5. 夹具体

选用铸造夹具体，夹具体上安装分度盘的表面与夹具体安装基面 B 成 25°±10′倾斜角，安装钻模板的平面与 B 面平行，安装基面 B 采用两端接触的形式。在夹具体上设置工艺孔。

图 3-24 是托架钻模的总图。由于工件可随分度装置转离钻模板，所以装卸很方便。

三、斜孔钻模上工艺孔的设置与计算

在斜孔钻模上，钻套轴线与限位基准倾斜，其相互位置无法直接标注和测量，为此常在夹具的适当部位设置工艺孔，利用此孔间接确定钻套与定位元件之间的尺寸，以保证加工精度。如图 3-24，在夹具体斜面的侧面设置了工艺孔 ϕ10H7。

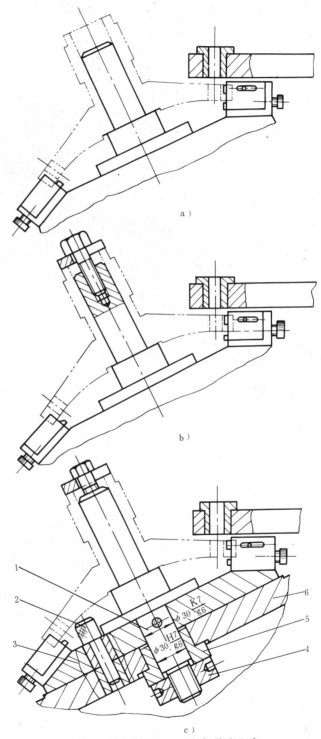

图 3-23 托架导向、夹紧、分度方案

1—回转轴 2—圆柱对定销 3—分度盘 4—锁紧螺母

5—回转套 6—夹具体

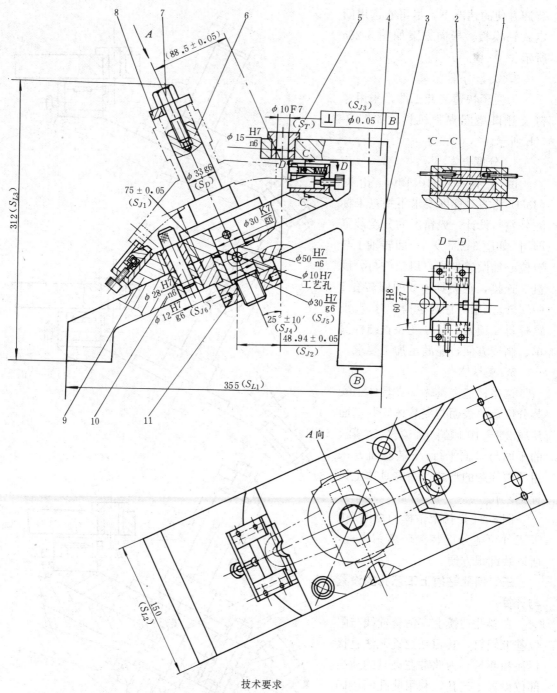

技术要求

1. 工件随分度盘转离钻模板后再进行装夹。

2. 工件在定位夹紧后才能拧动辅助支承旋扭，拧紧力应适当。

3. 夹具的非工作表面喷涂灰色漆。

图 3-24　托架钻模总图

1—活动 V 形块　2—斜楔辅助支承　3—夹具体　4—钻模板　5—钻套　6—定位心轴

7—夹紧螺钉　8—开口垫圈　9—分度盘　10—圆柱对定销　11—锁紧螺母

设置工艺孔应注意以下几点：

1）工艺孔的位置必须便于加工和测量，一般设置在夹具体的暴露面上。

2）工艺孔的位置必须便于计算，一般设置在定位元件轴线上或钻套轴线上，在两者交点上更好。

3）工艺孔尺寸应选用标准心棒的尺寸。

本方案的工艺孔符合以上原则。工艺孔到限位基面的距离为75mm。通过图3-25的几何关系，可以求出工艺孔到钻套轴线的距离 X

$X = BD = BF\cos\alpha$

$\quad = [AF - (OE - EA)\text{tg}\alpha]\cos\alpha$

$\quad = [88.5\text{mm} - (75\text{mm} - 1\text{mm})\text{tg}25°]\cos25°$

$\quad = 48.94\text{mm}$

在夹具制造中要求控制 $75\pm0.05\text{mm}$ 及 $48.94\pm0.05\text{mm}$ 这两个尺寸，即可间接地保证 $88.5\pm0.15\text{mm}$ 的加工要求。

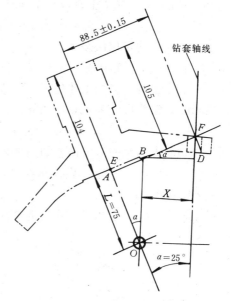

图 3-25　用工艺孔确定钻套位置

四、夹具总图上尺寸、公差及技术要求的标注

如图3-24所示，主要标注如下尺寸和技术要求：

1）最大轮廓尺寸 S_L：355mm、150mm、312mm。

2）影响工件定位精度的尺寸、公差 S_D。定位心轴与工件的配合尺寸 $\phi33g6$。

3）影响导向精度的尺寸、公差 S_T。钻套导向孔的尺寸、公差 $\phi10.1F7$。

4）影响夹具精度的尺寸、公差 S_J。工艺孔到定位心轴限位端面的距离 $L=75\pm0.05\text{mm}$；工艺孔到钻套轴线的距离 $X=48.94\pm0.05\text{mm}$；钻套轴线对安装基面 B 的垂直度 $\phi0.05\text{mm}$；钻套轴线与定位心轴轴线间的夹角 $25°\pm10'$。回转轴与夹具体回转套的配合尺寸 $\phi30\dfrac{\text{H7}}{\text{g6}}$；圆柱对定销10与分度套及夹具体上固定套的配合尺寸 $\phi12\dfrac{\text{H7}}{\text{g6}}$。

5）其它重要尺寸。回转轴与分度盘的配合尺寸 $\phi30\dfrac{\text{K7}}{\text{g6}}$；分度套与分度盘9及固定衬套与夹具体3的配合尺寸 $\phi28\dfrac{\text{H7}}{\text{n6}}$；钻套5与钻模板4的配合尺寸 $\phi15\dfrac{\text{H7}}{\text{n6}}$；活动V形块1与座架的配合尺寸 $60\dfrac{\text{H8}}{\text{f7}}$ 等。

6）需标注的技术要求：工件随分度盘转离钻模板后再进行装夹；工件在定位夹紧后才能拧动辅助支承旋钮，拧紧力应适当；夹具的非工作表面喷涂灰色漆。

四、工件的加工精度分析

本工序的主要加工要求是：尺寸 $88.5\pm0.15\text{mm}$ 和角度 $25°\pm20'$。加工孔轴线与两个 $R18\text{mm}$ 半圆面的对称度要求不高，可不进行精度分析。

（1）定位误差 Δ_D　工件定位孔为 $\phi33H7$（$\phi33^{+0.025}_{0}\text{mm}$），圆柱心轴为 $\phi33g6$（$\phi33^{-0.009}_{-0.025}$

mm），在尺寸 88.5mm 方向上的基准位移误差为

$$\Delta_Y = X_{max} = （0.025+0.025）mm = 0.05mm$$

工件的定位基准 C 面与工序基准 A 面不重合，定位尺寸 $s=104\pm0.05$mm，因此

$$\Delta'_B = 0.1mm$$

如图 3-26a 所示，Δ'_B 对尺寸 88.5mm 形成的误差为

$$\Delta_B = \Delta'_B tg\alpha = 0.1 tg25°mm = 0.047mm$$

因此尺寸 88.5mm 的定位误差为

$$\Delta_D = \Delta_Y + \Delta_B = （0.05+0.047）mm = 0.097mm$$

（2）对刀误差 Δ_T　因加工孔处工件较薄，可不考虑钻头的偏斜。钻套导向孔尺寸为 $\phi10F7$（$\phi10^{+0.028}_{+0.013}$mm）；钻头尺寸为 $\phi10^{0}_{-0.036}$mm。对刀误差为

$$\Delta'_T = （0.028+0.036）mm = 0.064mm$$

在尺寸 88.5mm 方向上的对刀误差如图 3-26b 所示

$$\Delta_T = \Delta'_T cos\alpha = 0.064 cos25°mm = 0.058mm$$

（3）安装误差 Δ_A 　　　　　　　　　$\Delta_A = 0$

（4）夹具误差 Δ_J　它由以下几项组成：

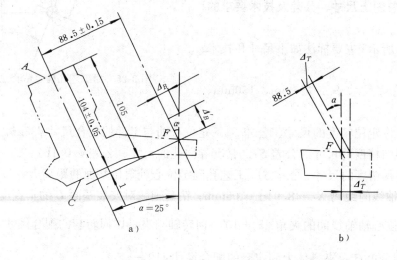

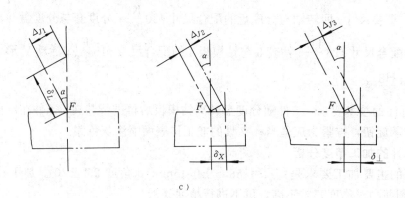

图 3-26　各项误差对加工尺寸的影响

1）尺寸 L 的公差 $\delta_L = \pm 0.05$mm，如图 3-26c 所示，它在尺寸 88.5mm 方向上产生的误差为

$$\Delta_{J1} = \delta_L \text{tg}\alpha = 0.1\text{tg}25°\text{mm} = 0.046\text{mm}$$

2）尺寸 X 的公差，$\delta_X = \pm 0.05$mm，它在尺寸 88.5mm 方向上产生的误差为

$$\Delta_{J2} = \delta_X \cos\alpha = 0.1\cos25°\text{mm} = 0.09\text{mm}$$

3）钻套轴线对底面的垂直度 $\delta_\perp = \phi 0.05$mm，它在尺寸 88.5mm 方向上产生的误差为

$$\Delta_{J3} = \delta_\perp \cos\alpha = 0.05\cos25°\text{mm} = 0.045\text{mm}$$

4）回转轴与夹具体回转套的配合间隙给尺寸 88.5mm 造成的误差 $\Delta_{J4} = X_{max} = （0.021 + 0.02）$ mm $= 0.041$mm。

5）钻套轴线与定位心轴轴线的角度误差 $\Delta_{Ja} = \pm 10'$，它直接影响 $25° \pm 20'$ 的精度。

6）分度误差 Δ_F 仅影响两个 R18mm 的对称度，对 88.5mm 及 25°均无影响。

（5）加工方法误差 Δ_G 对于孔距 88.5 ± 0.15mm，$\Delta_G = 0.3/3$mm $= 0.1$mm；对角度 $25° \pm 20'$，$\Delta_{Ga} = 40'/3 = 13.3'$。

具体计算列于表 3-1 中。

表 3-1 托架斜孔钻模加工精度计算

误差计算 / 加工要求 / 误差名称	角度 25°±20′	孔距 88.5±0.15mm
定位误差 Δ_D	0	$\Delta_D = \Delta_Y + \Delta_B = （0.05 + 0.047）$ mm $= 0.097$mm
对刀误差 Δ_T	0 （不考虑钻头偏斜）	$\Delta_T = \Delta'_T \cos25° = 0.058$mm
夹具误差 Δ_J	$\Delta_{Ja} = \pm 10'$	$\Delta_J = \sqrt{\Delta_{J1}^2 + \Delta_{J2}^2 + \Delta_{J3}^2 + \Delta_{J4}^2}$ $= \sqrt{0.046^2 + 0.09^2 + 0.045^2 + 0.041^2}$mm $= 0.118$mm
加工方法误差 Δ_G	$\Delta_{Ga} = 13.3'$	$\Delta_G = 0.1$mm
加工总误差 $\Sigma\Delta$	$\Sigma\Delta_a = \sqrt{20'^2 + 13.3'^2} = 24'$	$\Sigma\Delta = \sqrt{\Delta_D^2 + \Delta_T^2 + \Delta_J^2 + \Delta_G^2}$ $= \sqrt{0.097^2 + 0.058^2 + 0.118^2 + 0.1^2}$mm $= 0.192$mm
夹具精度储备 J_C	$J_{Ca} = 40' - 24' = 16' > 0$	$J_C = （0.3 - 0.192）$ mm $= 0.108$mm > 0

经计算，该夹具有一定的精度储备，能满足加工尺寸的精度要求。

思考题与习题

3-1 钻床夹具分哪些类型？各类钻模有何特点？

3-2 在工件上钻铰 ϕ14H7 孔，铰削余量为 0.1mm，铰刀直径为 ϕ14m5。试设计所需钻套（计算导向孔尺寸，画出钻套零件图，标注尺寸及技术要求）。

3-3 何谓分度装置？它由哪些部分组成？

3-4 何谓分度误差？试计算"夹具图册"中图 3-4 分度装置的分度误差。已知对定销 5 与分度套的配合

尺寸为 $\phi 10 \dfrac{\mathrm{H7}}{\mathrm{g6}}$；对定销与固定套的配合尺寸为 $\phi 20 \dfrac{\mathrm{H7}}{\mathrm{g6}}$；分度盘转轴处的配合尺寸为 $\phi 30 \dfrac{\mathrm{H7}}{\mathrm{g6}}$；转轴轴线到分度套轴线的半径为 $R=32.5\mathrm{mm}$；分度套的位置度为 $\phi 0.05\mathrm{mm}$。

3-5 斜孔钻模上为何要设置工艺孔？试计算图 3-27 上工艺孔到钻套轴线的距离 X。

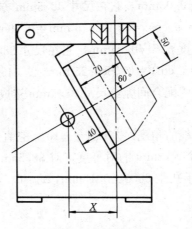

图 3-27 题 3-5 图

3-6 需在图 3-28 所示支架上加工 $\phi 9\mathrm{H7}$ 孔，工件的其它表面均已加工好。试对工件进行工艺分析，设计钻模（画出草图），标注尺寸并进行精度分析。

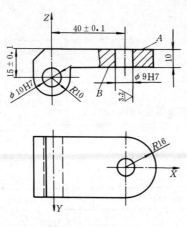

图 3-28 题 3-6 图

第四章 车 床 夹 具

在车床上用来加工工件的内、外回转面及端面的夹具称为车床夹具。车床夹具多数安装在车床主轴上；少数安装在车床的床鞍或床身上，例如："夹具图册"中图 4-6 所示的夹具。由于后一类夹具应用很少，属机床改装范畴，故本章不作介绍。

除了顶尖、拨盘、三爪自定心卡盘等通用夹具外，安装在车床主轴上的专用夹具通常可分为心轴式、夹头式、卡盘式、角铁式和花盘式等。

第一节 角铁式车床夹具

夹具体呈角铁状的车床夹具称之为角铁式车床夹具，其结构不对称，用于加工壳体、支座、杠杆、接头等零件上的回转面和端面，如图 4-2 和图 4-3 所示。

图 4-2 为加工图 4-1 所示的开合螺母上 $\phi40^{+0.027}_{0}$mm 孔的专用夹具。工件的燕尾面和两个 $\phi12^{+0.019}_{0}$mm 孔已经加工，两孔距离为 38±0.1mm，$\phi40^{+0.027}_{0}$mm 孔经过粗加工。本道工序为精镗 $\phi40^{+0.027}_{0}$mm 孔及车端面。加工要求是：$\phi40^{+0.027}_{0}$mm 孔轴线至燕尾底面 C 的距离为 45± 0.05mm，$\phi40^{+0.027}_{0}$mm 孔轴线与 C 面的平行度为 0.05mm，加工孔轴线与 $\phi12^{+0.019}_{0}$mm 孔的距离为 8±0.05mm。为贯彻基准重合原则，工件用燕尾面 B 和 C 在固定支承板 8 及活动支承板 10 上定位（两板高度相等），限制五个自由度；用 $\phi12^{+0.019}_{0}$mm 孔与活动菱形销 9 配合，限

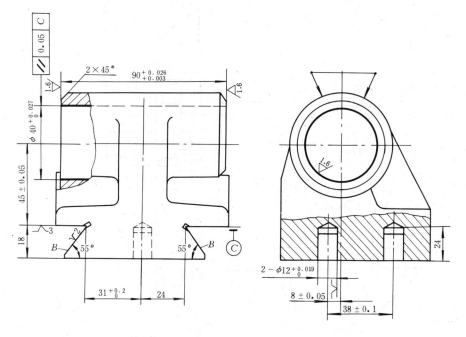

技术要求：$\phi40^{+0.027}_{0}$mm 的孔轴线对两 B 面的对称面的垂直度为 0.05mm。

图 4-1 开合螺母车削工序图

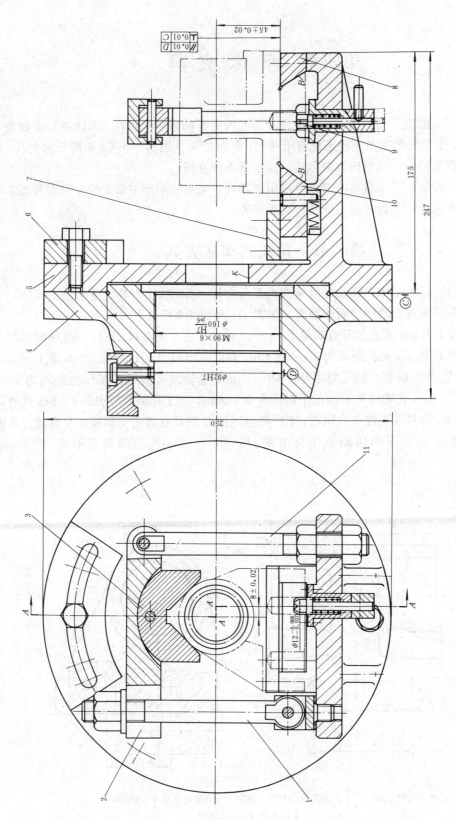

图 4-2 角铁式车床夹具

1，11—螺栓　2—压板　3—摆动 V 形块　4—过渡盘　5—夹具体　6—平衡块　7—盖板
8—固定支承板　9—活动菱形销　10—活动支承板

制一个自由度；工件装卸时，可从上方推开活动支承板 10 将工件插入，靠弹簧力使工件靠紧固定支承板 8，并略推移工件使活动菱形销 9 弹入定位孔 $\phi 12^{+0.019}_{0}$ mm 内。采用带摆动 V 形块 3 的回转式螺旋压板机构夹紧。用平衡块 6 来保持夹具的平衡。

图 4-3 所示为车气门顶杆端面的夹具。由于该工件是以细小的外圆柱面定位，因此很难采用自动定心装置，于是采用半圆孔定位元件，夹具体必然设计成角铁状。为了使夹具平衡，该夹具采用了在一侧钻平衡孔的办法。

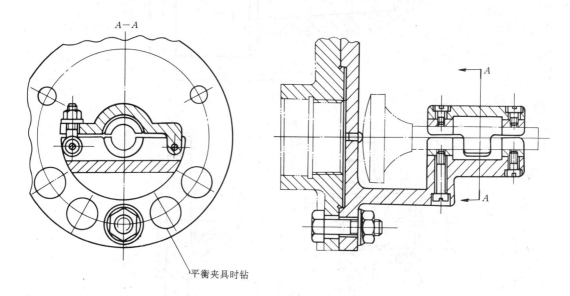

平衡夹具时钻

图 4-3　车气门顶杆的角铁式车床夹具

"夹具图册"中图 4-1 所示也是角铁式车床夹具。

一、车床夹具设计要求

1. 车床夹具在机床主轴上的安装方式

车床夹具与机床主轴的配合表面之间必须有一定的同轴度和可靠的连接，其通常的连接方式有以下几种：

1）夹具通过主轴锥孔与机床主轴连接。当夹具体两端有中心孔时，夹具安装在车床的前后顶尖上。夹具体带有锥柄时，夹具通过莫氏锥柄直接安装在主轴锥孔中，并用螺栓拉紧，如图 4-4a 所示。这种安装方式的安装误差小，定心精度高，适用于小型夹具。一般 $D<140$mm 或 $D<$（2～3）d。

2）夹具通过过渡盘与机床主轴连接。径向尺寸较大的夹具，一般用过渡盘安装在主轴的头部，过渡盘与主轴配合处的形状取决于主轴前端的结构。

图 4-4b 所示的过渡盘，以内孔在主轴前端的定心轴颈上定位（采用 H7/h6 或 H7/js6 配合），用螺纹紧固，轴向由过渡盘端面与主轴前端的台阶面接触。为防止停车和倒车时因惯性作用使两者松开，用压块 4 将过渡盘压在主轴上。这种安装方式的安装精度受配合精度的影响，常用于 C620 机床。

图 4-4c 所示的过渡盘，以锥孔和端面在主轴前端的短圆锥面和端面上定位。安装时，先将过渡盘推入主轴，使其端面与主轴端面之间有 0.05～0.1mm 间隙，用螺钉均匀拧紧后，产生弹性变形，使端面与锥面全部接触，这种安装方式定心准确，刚性好，但加工精度要求高，

常用于 CA6140 机床。

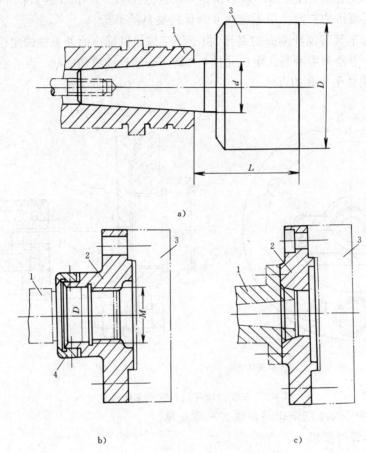

图 4-4　车床夹具与机床主轴的连接

1—主轴　2—过渡盘　3—专用夹具　4—压块

常用车床主轴前端的结构尺寸，可参阅"夹具手册"或附表 8。

过渡盘与夹具体之间用"止口"定心，即夹具体的定位孔与过渡盘的凸缘以 H7/f7、H7/h6、H7/js6 或 h7/n6 配合，然后用螺钉固紧。过渡盘常作为车床附件备用。设计夹具时，应按过渡盘凸缘确定夹具的止口尺寸。没有过渡盘时，可将过渡盘与夹具体合成一个零件设计，也可采用通用花盘来连接主轴与夹具。具体做法是：将花盘装在机床主轴上，临床车一刀端面，以消除花盘的端面安装误差，并在夹具体外圆上制一段找正圆，用来保证夹具相对主轴轴线的径向位置。

2. 找正基面的设置

为了保证车床夹具的安装精度，安装时应对夹具的限位表面进行仔细的找正。若夹具的限位面为与主轴同轴的回转面，则直接用限位表面找正它与主轴的同轴度，如图 4-18 中液性介质弹性心轴的外圆面。若限位面偏离回转中心，则应在夹具体上专门制一孔（或外圆）作为找正基面，使该面与机床主轴同轴，同时，它也作为夹具的设计、装配和测量基准，如图 4-2 中的找正孔 K 和图 4-24 中的找正圆 B。

为保证加工精度，车床夹具的设计中心（即限位面或找正基面）对主轴回转中心的同轴

度应控制在 $\phi0.01$mm 之内，限位端面（或找正端面）对主轴回转中心的跳动量也不应大于 0.01mm。

3. 定位元件的设置

设置定位元件时应考虑使工件加工表面的轴线与主轴轴线重合。对于回转体或对称零件，一般采用心轴或定心夹紧式夹具，以保证工件的定位基面、加工表面和主轴三者的轴线重合。

对于壳体、支架、托架等形状复杂的工件，由于被加工表面与工序基准之间有尺寸和相互位置要求，所以各定位元件的限位表面应与机床主轴旋转中心具有正确的尺寸和位置关系。如图 4-2 中，菱形销及支承板相对于 $\phi92$H7 轴心线的距离分别为 45 ± 0.02mm 和 8 ± 0.02mm。

为了获得定位元件相对于机床主轴轴线的准确位置，有时采用"临床加工"的方法，即限位面的最终加工就在使用该夹具的机床上进行，加工完之后夹具的位置不再变动，避免了很多中间环节对夹具位置精度的影响。如采用不淬火三爪自定心卡盘的卡爪，装夹工件前，先对卡爪"临床加工"，以提高装夹精度。

4. 夹紧装置的设置

车床夹具的夹紧装置必须安全可靠。夹紧力必须克服切削力、离心力等外力的作用，且自锁可靠。对高速切削的车、磨夹具，应进行夹紧力克服切削力和离心力的验算。若采用螺旋夹紧机构，一般要加弹簧垫圈或使用锁紧螺母。

5. 夹具的平衡

对角铁式、花盘式等结构不对称的车床夹具，设计时应采取平衡措施，以减少由离心力产生的振动和主轴轴承的磨损。如图 4-2 中设置平衡块，或用图 4-3 加工减重孔的办法。对低速切削的车床夹具只需进行静平衡验算。对高速车削的车床夹具需考虑离心力的影响，估算方法如下：

图 4-5 所示为车床夹具的平衡计算图。首先根据工件和夹具不平衡部分合成质量的重心 A，确定平衡块的重心 B，计算出工件和夹具不平衡部分的合成质量 m_j，然后根据平衡条件确

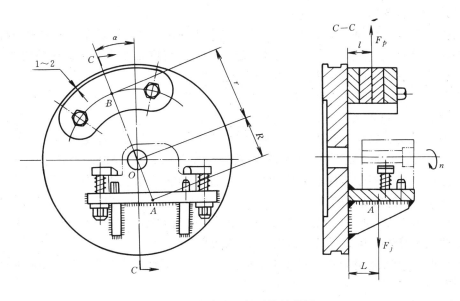

图 4-5　车床夹具的平衡计算图

定平衡块的质量 m_p。

假设合成质量 m_j 集中在重心 A 处，$OA=R$，轴向尺寸为 L，转动时它所产生的离心力 F_j（N）的近似计算公式为

$$F_j \approx 0.01 m_j R n^2 \tag{4-1}$$

式中　m_j——工件和夹具不平衡部分的合成质量（kg）；

　　　R——工件和夹具不平衡部分的合成质量重心至回转中心的距离（m）；

　　　n——主轴转速（r/min）。

由离心力引起的力矩 M_j 为

$$M_j = F_j L$$

设平衡块的质量 m_p 集中在重心 B 处，$OB=r$，轴向尺寸为 l，则平衡块引起的离心力 F_p（N）为

$$F_p \approx 0.01 m_p r n^2$$

式中　m_p——平衡块的质量（kg）；

　　　r——平衡块重心至回转中心的距离（m）。

由 F_p 引起的力矩 M_p 为

$$M_p = F_p l$$

在综合考虑径向位置和轴向位置平衡的情况下，满足平衡关系式

$$M_j = M_p$$

即　　　　　　　　　　$0.01 m_j R n^2 L = 0.01 m_p r n^2 l$

化简后得　　　　　　　　$$m_p = \frac{m_j R L}{r l} \tag{4-2}$$

减重孔的大小可依据同上方法确定。

为弥补估算法的误差，平衡块上（或夹具体上）应开有径向槽或环形槽，以便夹具装配时调整其位置。

6. 夹具的结构要求

1）结构要紧凑，悬伸长度要短。车床夹具的悬伸长度过大，会加剧主轴轴承的磨损，同时引起振动，影响加工质量。因此，夹具的悬伸长度 L 与轮廓直径 D 之比应控制如下：

直径小于 150mm 的夹具，$L/D \leqslant 2.5$；

直径在 150～300mm 之间的夹具，$L/D \leqslant 0.9$；

直径大于 300mm 的夹具，$L/D \leqslant 0.6$。

2）车床夹具的夹具体应制成圆形，夹具上（包括工件在内）的各元件不应伸出夹具体的轮廓之外，当夹具上有不规则的突出部分，或有切削液飞溅及切屑缠绕时，应加设防护罩。

3）夹具的结构应便于工件在夹具上安装和测量，切屑能顺利排出或清理。

二、车床夹具的加工误差

工件在车床夹具上加工时，加工误差的大小受工件在夹具上的定位误差 Δ_D、夹具误差 Δ_J、夹具在主轴上的安装误差 Δ_A 和加工方法误差 Δ_G 的影响。

例如，图 4-1 所示的开合螺母在图 4-2 所示夹具上加工时，尺寸 45±0.05mm 的加工误差的影响因素如下所述。

1. 定位误差 Δ_D

由于 C 面既是工序基准，又是定位基准，基准不重合误差 Δ_B 为零。工件在夹具上定位时，定位基准与限位基准（支承板 8、10 平面）是重合的，基准位移误差 Δ_Y 也为零，因此，尺寸 45 ± 0.05mm 的定位误差 Δ_D 等于零。

2. 夹具误差 Δ_J

夹具误差为限位基面（支承板 8、10 的平面）与止口轴线间的距离误差，即夹具总图上尺寸 45 ± 0.02mm 的公差 0.04mm，以及限位基面相对安装基面 D、C 的平行度和垂直度误差 0.01mm（两者公差兼容）。

3. 夹具的安装误差 Δ_A

$$\Delta_A = X_{1\max} + X_{2\max}$$

式中　$X_{1\max}$——过渡盘与主轴间的最大配合间隙；

$X_{2\max}$——过渡盘与夹具体间的最大配合间隙。

设过渡盘与车床主轴的配合尺寸为 $\phi92\dfrac{H7}{js6}$，查表：$\phi92$H7 为 $\phi92^{+0.035}_{0}$mm，$\phi92$js6 为 $\phi92\pm0.011$mm，因此

$$X_{1\max} = (0.035+0.011)\text{mm} = 0.046\text{mm}$$

夹具体与过渡盘止口的配合尺寸为 $\phi160\dfrac{H7}{js6}$，查表 $\phi160$H7 为 $\phi160^{+0.040}_{0}$mm，$\phi160$js6 为 $\phi160\pm0.0125$mm，因此

$$X_{2\max} = (0.040+0.0125)\text{mm} = 0.0525\text{mm}$$

故　　　　$$\Delta_A = \sqrt{0.046^2+0.0525^2}\text{mm}$$

4. 加工方法误差 Δ_G

车床夹具的加工方法误差，如车床主轴上安装夹具基准（圆柱面轴线、圆锥面轴线或圆锥孔轴线）与主轴回转轴线间的误差、主轴的径向跳动、车床溜板进给方向与主轴轴线的平行度或垂直度等。它的大小取决于机床的制造精度、夹具的悬伸长度和离心力的大小等因素。一般取

$$\Delta_G = \delta_k/3 = 0.1/3\text{mm} = 0.033\text{mm}$$

图 4-2 夹具的总加工误差为

$$\Sigma\Delta = \sqrt{\Delta_D^2+\Delta_J^2+\Delta_A^2+\Delta_G^2} = \sqrt{0+0.04^2+0.01^2+0.046^2+0.0525^2+0.033^2}\text{mm} = 0.088\text{mm}$$

精度储备　　　　$$J_c = (0.1-0.088)\text{mm} = 0.012\text{mm}$$

故此方案可取。

第二节　卡盘式车床夹具

卡盘式车床夹具一般用一个以上的卡爪来夹紧工件，多采用定心夹紧机构，常用于以外圆（或内圆）及端面定位的回转体的加工。具有定心夹紧机构的卡盘，结构是对称的。

图 4-6 所示为斜楔—滑块式定心夹紧三爪卡盘，用于加工带轮 $\phi20$H9 小孔，要求同轴度为 $\phi0.05$mm。装夹工件时，将 $\phi105$mm 孔套在三个滑块卡爪 3 上，并以端面紧靠定位套 1。当拉杆向左（通过气压或液压）移动时，斜楔 2 上的斜槽使三个滑块卡爪 3 同时等速径向移动，从而使工件定心并夹紧。与此同时，压块 4 压缩弹簧销 5。当拉杆反向运动时，在弹簧销 5 作

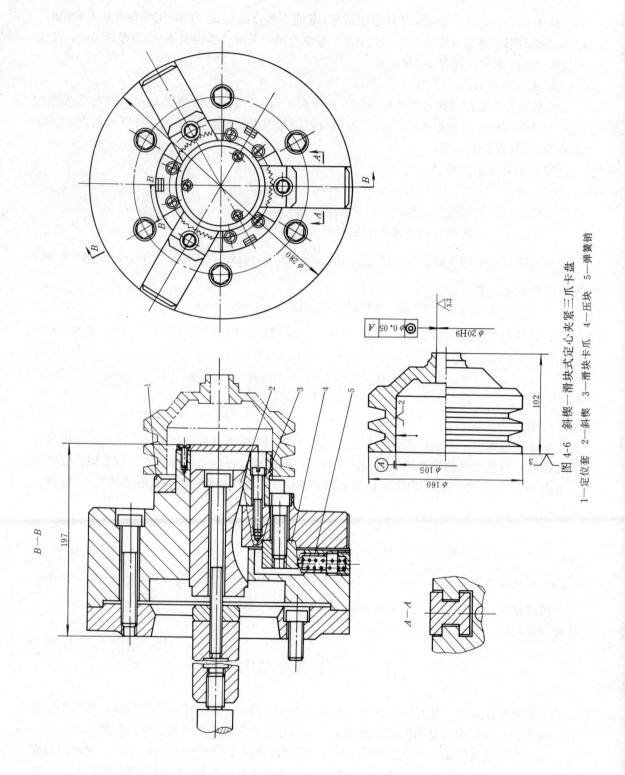

$\phi 280$

$B-B$

197

$A-A$

$\phi 160$

$\phi 105$

$\phi 20H9$

102

3.2

3

$\phi\phi 0.05 \ A$

图 4-6　斜楔式定心夹紧三爪卡盘

1—定位套　2—斜楔　3—滑块卡爪　4—压块　5—弹簧销

用下，三个滑块卡爪同时收缩，从而松开工件。

　　斜楔—滑块式定心夹紧机构主要用于工件以未加工或粗加工过的、直径较大的孔定位时的定心夹紧。当工件的定位孔较长时，可采用两列滑块分别在工件孔的两端涨紧的方式，以保证定位的稳定性。

　　此例的三个滑动卡爪既是定位元件，又是夹紧元件，故称其为定位—夹紧元件。它们能同时趋近或退离工件，使工件的定位基准总能与限位基准重合，即 $\Delta_Y = 0$，这种有定心和夹紧双重功能的机构，称为定心夹紧机构。采用这种机构的车床夹具，其结构是对称的。

　　定心夹紧机构不仅用在车床夹具上，也广泛用于其它夹具。按定心方式的不同，定心夹紧机构可分为两类。一类为等速移动的定心夹紧机构，它是利用定心—夹紧元件的等速移动来实现定心夹紧的，如图 4-6 和图 4-7 所示；另一类为均匀变形定心夹紧机构，它是利用薄壁弹性元件受力后的弹性变形实现定心夹紧的，如图 4-14～图 4-18 所示。

　　图 4-7 为虎钳式定心夹紧两爪卡盘，当用套筒扳手转动螺杆 3 时，受叉形块 1 的限制，螺杆不能移动，而使两 V 形块 4 在夹具体 2 的 T 形槽中移动。由于螺杆的一端是左螺纹，另一端是右螺纹，且螺距相等，所以螺杆转动时，两 V 形块的移动方向相反，速度相等，从而实现定心夹紧。

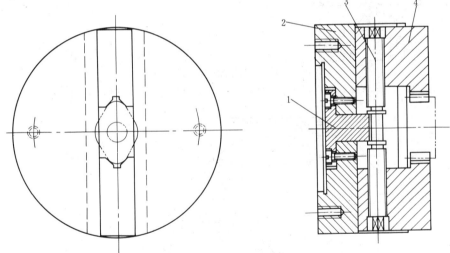

图 4-7　虎钳式定心夹紧两爪卡盘

1—叉形块　2—夹具体　3—螺杆　4—V 形块

　　图 4-8 为气动杠杆卡盘，用于加工滚轮体零件的圆柱面和端面。工件在 V 形块 3 和支承板 8 上定位。当拉杆 4 左移时，楔块 5 通过圆柱 7、杠杆 6 使卡爪 9 夹紧工件；反之，当拉杆 4 右移时，弹簧 2 使卡爪 9 张开，松开工件。这种单爪卡盘具有不对称结构。

　　图 4-9 为铰链式卡盘，此夹具用于加工活塞销孔。工件以外圆和被加工孔在夹具体 1 上的半圆定位套 5 及可卸定位杆销 3 上定位。通过铰链压板 2 夹紧工件后，取下可卸定位杆销 3 便可对工件进行镗孔加工。此处铰链压板 2 可看作卡爪，因此也属于卡盘类车床夹具。

　　图 4-11 是镗削图 4-10 所示衬套上阶梯孔的气动卡盘，工件以 $\phi 100_{-0.035}^{\ 0}$ mm 外圆及端面在夹具定位套的内孔和端面上定位。夹具由卡盘 1，回转气缸 6 和导气接头 8 三个部分组成。卡盘以其过渡盘 2 安装在主轴 3 前端的轴颈上，回转气缸则通过连接盘 5 安装在主轴末端，活塞 7 和卡盘 1 通过拉杆 4 相连，拉杆 4 通过浮动盘 9 带动三个卡爪 10 夹紧工件，加工时，卡

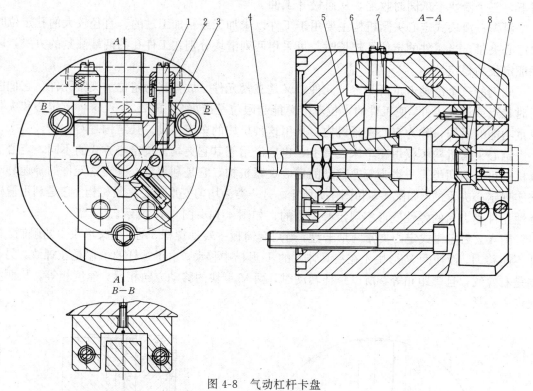

图 4-8 气动杠杆卡盘

1—双头螺柱 2—弹簧 3—V形块 4—拉杆 5—楔块 6—杠杆 7—圆柱 8—支承板 9—卡爪

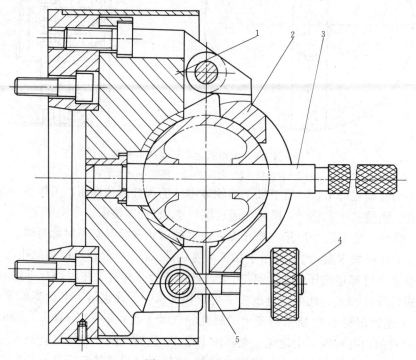

图 4-9 铰链式卡盘

1—夹具体 2—铰链压板 3—可卸定位杆销 4—螺母 5—半圆定位套

盘和回转气缸随主轴一起旋转，导气接头不转动。

导气接头的结构如图 4-12 所示。支承心轴 1 右端固定在气缸盖 8 上，壳体 2 通过两个滚动轴承 5 和 7 装配在支承心轴的轴颈上，支承心轴随气缸和轴承内圈一起转动，壳体 2 则静止不动。

当压缩空气从管接头 3 输入，经环形槽和孔道 b 进入气缸右腔时，活塞向左移动并带动钩形压板压紧工件。此时左腔废气经由孔道 a 和环形槽从管接头 4 的管道至配气阀排入大气中。反之，当配气阀手柄换位时，压缩空气经由管接头 4、环形槽和孔道 a 进入左腔，工件松开，气缸右腔废气便从管接头 3 经配气阀排出。

回转式气缸必须密封可靠、回转灵活。导气接头的壳体内孔与心轴之间应有 0.007～0.015mm 的间隙，以保证导气接头中的运动副获得充分润滑而不因摩擦发热而咬死。

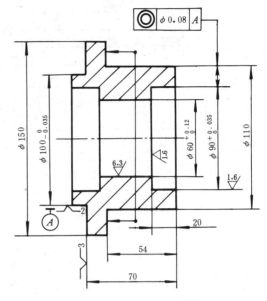

图 4-10　衬套镗孔工序图

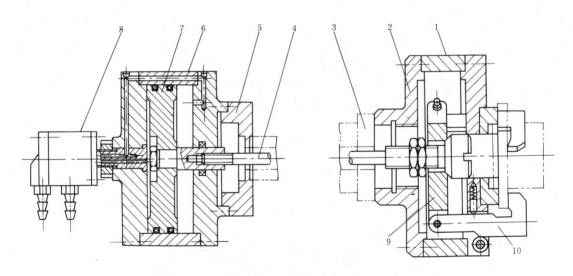

图 4-11　衬套镗孔气动卡盘

1—卡盘　2—过渡盘　3—主轴　4—拉杆　5—连接盘　6—回转气缸　7—活塞　8—导气接头　9—浮动盘　10—卡爪

在夹具上使用气动或液压传动装置，均可显著地提高工效和减轻劳动强度，使传动动作迅速、反应灵敏，易实现自动化控制。气动夹紧装置有清洁无污染和成本低的优点，但由于压缩空气的工作压力较低，一般为 0.4～0.6MPa，因此产生相等夹紧力的气缸直径比液压缸直径大。在现代机械制造业中，由于机床转速高、切削用量大、要求夹紧力大等因素，使体积小、压力大（油压为 2MPa 左右）、传动平稳的液压缸（可参看"夹具手册"）在夹具中的应用愈来愈广泛。

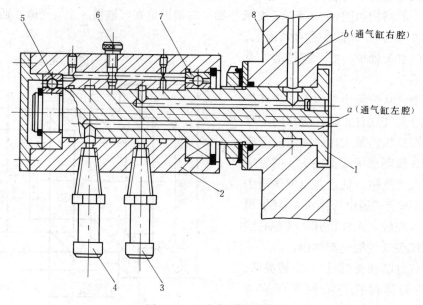

图 4-12 导气接头的结构

1—支承心轴 2—壳体 3、4—管接头 5、7—滚动轴承 6—油孔螺塞 8—气缸盖

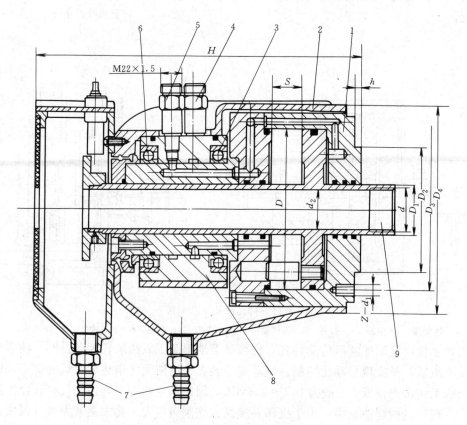

图 4-13 高速回转液压缸

1—液压缸 2—罩壳 3、6—滚动轴承 4、5—管接头 7—泄油接头 8—固定轴承座 9—活塞杆

图 4-13 为高速回转液压缸的结构图，回转液压缸 1 通过螺孔 d_1 固定在车床或磨床主轴的尾部，可随主轴一起转动；液压缸的左端通过两个滚动轴承 3、6 支承在固定轴承座 8 上；由换向阀控制压力油通过管接头 4 或 5 分别通向液压缸活塞的左端或右端，推动活塞杆 9 往复移动；活塞杆通过右端的螺孔 d 与固定在主轴前端上的夹具的拉杆相连，以带动拉杆夹紧或松开工件。固定轴承座 8 安装在罩壳 2 上，罩壳下部还设置两个泄油接头 7。此液压缸所用液压油的许用压力为 4MPa；缸径 D 为 160～200mm；拉力为 40～70kN；转速为 4500～3000r/min。

第三节　心轴式及夹头式车床夹具

心轴式车床夹具的主要限位元件为轴，常用于以孔作主要定位基准的回转体零件的加工，如套类、盘类零件。常用的有圆柱心轴（第一章中已介绍）和弹性心轴。

夹头式车床夹具的主要限位元件为孔，常用于以外圆作主要定位基准的小型回转体零件的加工，如小轴零件。常用的有弹性夹头等。

1. 弹簧心轴与弹簧夹头

图 4-14 为手动弹簧心轴，工件以精加工过的内孔在弹性筒夹 5 和心轴端面上定位。旋紧螺母 4，通过锥体 1 和锥套 3 使弹性筒夹 5 向外变形，将工件胀紧。这种夹紧机构称为均匀变形定心夹紧机构。由于弹性变形量较小，要求工件定位孔的精度高于 IT8，所以定心精度一般可达 0.02～0.05mm。

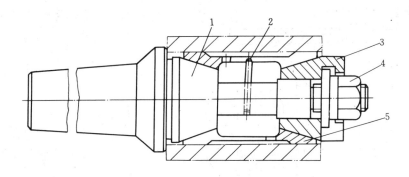

图 4-14　手动弹簧心轴

1—锥体　2—防转销　3—锥套　4—螺母　5—弹性筒夹

图 4-15 为弹簧夹头，用于加工阶梯轴上 $\phi 30_{-0.033}^{\ 0}$ mm 外圆柱面及端面。如果采用三爪自定心卡盘装夹工件，则很难保证两端圆柱面的同轴度要求。为此，设计了专用弹簧夹头。

工件以 $\phi 20_{-0.021}^{\ 0}$ mm 圆柱面及端面 C 在弹性筒夹 2 内定位，夹具体以锥柄插入车床主轴的锥孔中。当拧紧螺母 3 时，其内锥面迫使筒夹的薄壁部分均匀变形收缩，将工件夹紧。反转螺母时，筒夹弹性恢复张开，松开工件。

弹簧夹头与弹簧心轴上的关键元件是弹性筒夹，弹性筒夹的结构参数及材料、热处理等，均可从"夹具手册"中查到。

2. 波纹套弹性心轴

图 4-16 所示心轴的弹性元件是一个波纹套（又称蛇腹套）。当波纹套受到轴向压缩后会均

匀地径向扩张，将工件定心并夹紧。其特点是定心精度高，可稳定在 $0.005\sim0.01mm$ 之间，适用于定位孔直径大于 20mm、公差等级不低于 IT8 的工件，如齿轮的精加工及检验工序等。缺点是变形量小，适用范围受到限制，制造也较困难。

波纹套的结构尺寸和材料、热处理等，可从"夹具手册"中查到。

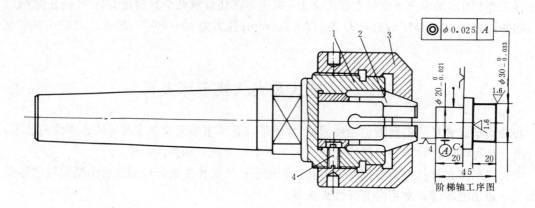

图 4-15 弹簧夹头

1—夹具体 2—弹性筒夹 3—螺母 4—螺钉

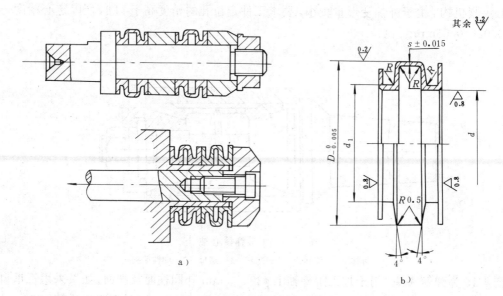

图 4-16 波纹套弹簧心轴

3. 碟形弹簧片心轴

图 4-17a 是由碟形弹簧片叠加在一起组成的弹性心轴。施加轴向力后，弹簧片便径向涨开将工件定心并夹紧。

图 4-17b 为碟形弹簧片结构图。为了增加其变形量，开有许多内外交错的径向槽，弹簧片厚度 s 一般为 $1\sim1.25mm$，碟形角一般为 12°，用 65Mn 或 30CrMnSi 钢片冲压而成，热处理硬度为 35～40HRC。此种心轴定心精度在 0.01mm 之内。

碟形弹簧片也可在夹头上使用，制成碟形弹簧片夹头。

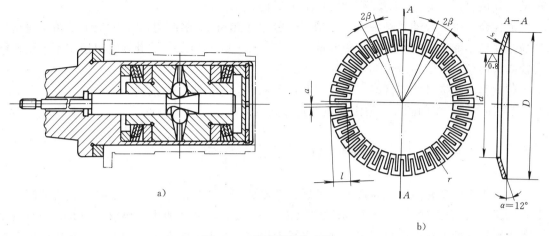

a)

b)

图 4-17　碟形弹簧片心轴

4. 液性介质弹性心轴及夹头

图 4-18b 为液性介质弹性心轴，图 4-18a 为液性塑料弹性夹头。弹性元件为薄壁套 5，它的两端与夹具体 1 为过渡配合，两者间的环形槽与通道内灌满液性塑料（图 4-18a）或黄油、全损耗系统用油（图 4-18b）。拧紧加压螺钉 2，使柱塞 3 对密封腔内的介质施加压力，迫使薄壁套产生均匀的径向变形，将工件定心并夹紧。当反向拧动加压螺钉 2 时，腔内压力减小，薄壁套依靠自身弹性恢复原始状态而使工件松开。安装夹具时，定位薄壁套 5 相对机床主轴的

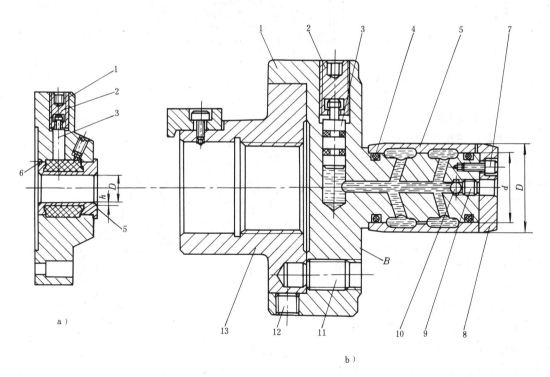

a)

b)

图 4-18　液性介质弹性心轴及夹头

1—夹具体　2—加压螺钉　3—柱塞　4—密封圈　5—薄壁套　6—止动螺钉　7—螺钉

8—端盖　9—螺塞　10—钢球　11、12—调整螺钉　13—过渡盘

跳动，靠调整三个螺钉 11 及三个螺钉 12 来保证。

液性介质弹性心轴及夹头的定心精度一般为 0.01mm，最高可达 0.005mm。由于薄壁套的弹性变形不能过大，一般径向变形量 $\varepsilon=$（0.002～0.005）D。因此，它只适用于定位孔精度较高的精车、磨削和齿轮加工等精加工工序。

薄壁套的结构尺寸和材料、热处理等，可从"夹具手册"中查到。

"夹具图册"中的图 4-5 为液性塑料定心夹紧夹头。

第四节　高效车床夹具

现代化生产朝着高速、高效方向发展，随着数控车床和高速车磨加工技术在机械制造业中的广泛应用，传统的车、磨夹具已不能满足高速度、高效率的生产要求，因此，一些高效的车床夹具逐渐得到推广和使用。这些夹具无论在结构上还是在装夹方式上，均体现出安装迅速、定位准确的特点，现介绍以下几类。

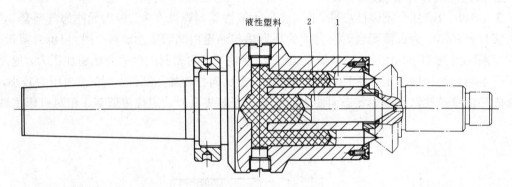

图 4-19　塑性尖齿拨爪顶针

1—拨爪　2—中心顶尖

一、端面驱动夹具

这种夹具是利用拨爪嵌入工件的端面驱动工件旋转的，主要用于数控车床上加工轴、套类零件。采用端面驱动夹具不仅可以缩短装夹辅助时间，而且能在一次装夹中完成工件所有外表面的加工，综合加工效率高，能提高工件各表面之间的相互位置精度。

图 4-19 所示的塑性尖齿拨爪顶针即属于这类夹具，用于以中心孔定位的轴类工件的车磨加工。中心顶尖 2 和圆周均布的几个拨爪 1，通过液性塑料可以互相微量浮动，从而保证各尖齿拨爪均匀地顶入工件端面，使工

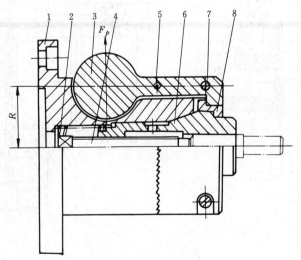

图 4-20　离心式自动夹头

1—夹具体　2—弹簧　3—离心重球　4—调节螺钉

5—小弹簧　6—弹性夹头　7—销轴　8—压盘

件获得驱动力矩以抵抗切削力。

二、离心式自动夹头

这种夹具是利用离心力来夹紧工件的。图 4-20 所示离心式自动夹头，用于车削小型轴类零件。将工件装入弹性夹头 6 内，开动机床；由于离心作用，三个均布的离心重球 3 绕销轴 7 外张，于是离心重球尾角向里压迫压盘 8，压盘 8 又推压弹性夹头 6 使之夹紧工件。调节螺钉 4 用来使工件轴向定位。每个球柄中间各有一个 3mm 小孔，用一根小弹簧 5 绕成一个环形束圈，在停车后配合弹簧 2 使离心球快速恢复到原来的静止位置上。

离心式夹紧夹具可大大减轻工人的装夹劳动强度，节省装夹辅助时间，但需要足够的夹紧力。每个重块的离心力 F_p（N）可按下式计算

$$F_p = mR\omega^2 \approx 0.01mRn^2 \qquad (4-3)$$

式中　m——每个重块的质量（kg）；

　　　R——重块的质量重心到回转中心的距离（m）；

　　　ω——重块的质量重心对回转中心的角速度（rad/s）；

　　　n——主轴转速（r/min）。

根据夹具体结构尺寸可计算出夹紧力。为使夹具的结构紧凑、尺寸不至于太大，主轴的转速应足够高。

三、不停车夹具

能在机床主轴旋转时装卸工件的车床夹具，称为不停车夹具。因其夹紧行程较小，故适用于夹紧光料。

图 4-21 为不停车夹头，固定在机床主轴箱上，锥套 2 装在车床主轴 1 内。顺时针转动手柄 11，小齿轮 10 带动齿轮螺母 5 转动，齿轮螺母 5 通过轴承向左推动内锥套 7，内锥套的锥面迫使弹性夹头 8 向内收缩，将工件夹紧。反之，弹性夹头涨开，松开工件。

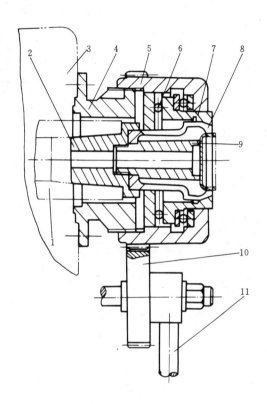

图 4-21　不停车夹头

1—车床主轴　2—锥套　3—主轴箱　4—夹具体
5—齿轮螺母　6—钢球　7—内锥套　8—弹性夹
头　9—定位柱塞　10—小齿轮　11—手柄

第五节　车床夹具设计示例

如图 4-22 所示，加工液压泵上体的三个阶梯孔，中批生产，试设计所需的车床夹具。

根据工艺规程，在加工阶梯孔之前，工件的顶面与底面、两个 $\phi8H7$ 孔和两个 $\phi8mm$ 孔均已加工好。本工序的加工要求有：三个阶梯孔的距离为 $25\pm0.1mm$、三孔轴线与底面的垂直度、中间阶梯孔与四小孔的位置度。后两项未注公差，加工要求较低。

根据加工要求，可设计成如图 4-24 所示的花盘式车床夹具。这类夹具的夹具体是一个大

圆盘（俗称花盘），在花盘的端面上固定着定位、夹紧元件及其它辅助元件，夹具的结构不对称。

一、定位装置

根据加工要求和基准重合原则，应以底面和两个 $\phi 8H7$ 孔定位，定位元件采用"一面两销"，定位孔与定位销的主要尺寸如图 4-23 所示。

1）两定位孔中心距 L 及两定位销中心距 l。因

$$L=\sqrt{87^2+48^2}\,\text{mm}=99.36\text{mm}$$

$$L_{max}=\sqrt{87.05^2+48.05^2}\,\text{mm}$$
$$=99.43\text{mm}$$

$$L_{min}=\sqrt{86.95^2+47.95^2}\,\text{mm}$$
$$=99.29\text{mm}$$

所以　　$L=99.36\pm0.07\text{mm}$

取 $l_0=99.36\pm0.02\text{mm}$

2）取圆柱销直径为 $\phi 8g6=\phi 8^{-0.005}_{-0.014}\text{mm}$。

3）查表 1-3 得菱形销尺寸 $b=3\text{mm}$。

4）菱形销的直径。由式（1-16）知

$$a=\frac{\delta_{Ld}+\delta_{Ld}}{2}=\frac{0.14+0.04}{2}\text{mm}$$
$$=0.09\text{mm}$$

由式（1-17）

$$X_{2min}=\frac{2ab}{D_{2min}}=\frac{2\times0.09\times3}{8}\text{mm}$$
$$=0.07\text{mm}$$

所以

$$d_{2max}=D_{2min}-X_{min}=(8-0.07)\text{mm}$$
$$=7.93\text{mm}$$

菱形销直径的公差取 IT6 为 0.009mm，得菱形销的直径为 $\phi 8^{-0.07}_{-0.079}\text{mm}$。

二、夹紧装置

因是中批生产，不必采用复杂的动力装置。为使夹紧可靠，采用两副移动式螺旋压板 5 夹压在工件顶面两端，如图 4-24 所示。

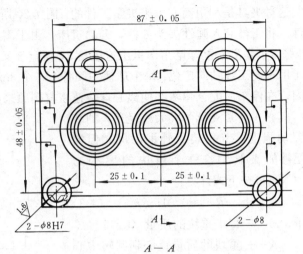

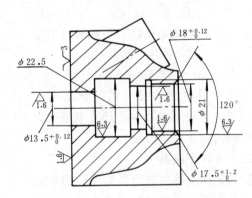

图 4-22　液压泵上体镗三孔工序图

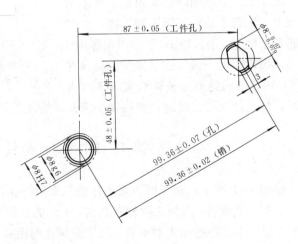

图 4-23　定位孔与定位销的尺寸

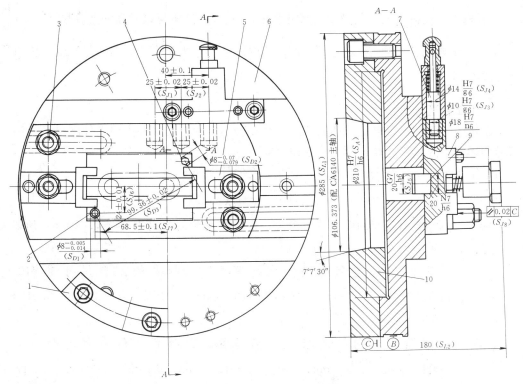

图 4-24 液压泵上体镗三孔夹具

1—平衡块 2—圆柱销 3—T形螺钉 4—菱形销 5—螺旋压板 6—花盘 7—对定销
8—分度滑块 9—导向键 10—过渡盘

三、分度装置

液压泵上体三孔呈直线分布，要在一次装夹中加工完毕，需设计直线分度装置。在图 4-24 里，花盘 6 为固定部分，移动部分为分度滑块 8。分度滑块与花盘之间用导向键 9 连接，用两对 T 形螺钉 3 和螺母锁紧。由于孔距公差为 ±0.1mm，分度精度不高，用手拉式圆柱对定销 7 即可。为了不妨碍工人操作和观察，对定机构不宜轴向布置而应径向安装。

四、夹具在车床主轴上的安装

由于本工序在 CA6140 车床上进行，过渡盘应以短圆锥面和端面在主轴上定位，用螺钉紧固，有关尺寸可查阅"夹具手册"或附表 8。花盘的止口与过渡盘凸缘的配合为 $\dfrac{H7}{h6}$。在花盘的外圆上设置找正圆 B。

五、夹具总图上尺寸、公差和技术要求的标注

1）最大外形轮廓尺寸 S_L：$\phi285$mm 和长度 180mm。

2）影响工件定位精度的尺寸和公差 S_D：两定位销孔的中心距 99.36±0.02mm、圆柱销与工件孔的配合尺寸 $\phi8^{-0.005}_{-0.014}$mm 及菱形销的直径 $\phi8^{-0.07}_{-0.079}$mm。

3）影响夹具精度的尺寸和公差 S_J：相邻两对定套的距离 25±0.02mm、对定销与对定套的配合尺寸 $\phi10\dfrac{H7}{g6}$、对定销与导向孔的配合尺寸 $\phi14\dfrac{H7}{g6}$、导向键与夹具的配合尺寸 $20\dfrac{G7}{h6}$ 以及圆柱销 2 到加工孔轴线的尺寸 24±0.1mm、68.5±0.1mm，定位平面相对基准 C 的平行度为 0.02mm。

4）影响夹具在机床上安装精度的尺寸和公差 S_A：夹具体与过渡盘的配合尺寸 $\phi210\dfrac{H7}{h6}$。

5）其它重要配合尺寸：对定套与分度滑块的配合尺寸 $\phi18\dfrac{H7}{n6}$；导向键与分度滑块的配合尺寸 $20\dfrac{N7}{h6}$。

六、加工精度分析

本工序的主要加工要求是三孔的孔距尺寸 $25\pm0.1mm$。此尺寸主要受分度误差和加工方法误差的影响，故只要计算这两部分的误差即可。

（1）分度误差 Δ_F　按公式（3-2），直线分度的分度误差

$$\Delta_F=\sqrt{\delta^2+X_1^2+X_2^2+e^2}$$

式中　2δ——两相邻对定套的距离尺寸公差。因两对定套的距离为 $25\pm0.02mm$，所以 $\delta=0.02mm$；

X_1——对定销与对定套的最大配合间隙。因两者的配合尺寸是 $\phi10\dfrac{H7}{g6}$，$\phi10H7$ 为 $\phi10^{+0.015}_{0}$ mm，$\phi10g6$ 为 $\phi10^{-0.005}_{-0.014}mm$，所以 $X_1=(0.015+0.014)mm=0.029mm$；

X_2——对定销与导向孔的最大配合间隙。因两者的配合尺寸是 $\phi14\dfrac{H7}{g6}$，$\phi14H7$ 为 $\phi14^{+0.018}_{0}$ mm，$\phi14g6$ 为 $\phi14^{-0.006}_{-0.017}mm$，所以 $X_2=(0.018+0.017)mm=0.035mm$；

e——对定销的对定部分与导向部分的同轴度。设 $e=0.01mm$，因此

$$\Delta_F=2\sqrt{0.02^2+0.029^2+0.035^2+0.01^2}mm=0.101mm$$

（2）加工方法误差 Δ_G　取加工尺寸公差 δ_k 的 $1/3$，加工尺寸公差 $\delta_k=0.2mm$，所以 $\Delta_G=0.2/3mm=0.066mm$

总加工误差 $\Sigma\Delta$ 和精度储备 J_c 的计算见表 4-1。

表 4-1　液压泵上体镗三孔夹具的加工误差　　　　　　　　　　　　　　（mm）

代　号	加 工 要 求	25 ± 0.1
Δ_D		0
Δ_A		0
Δ_J		$\Delta_F=0.101$
Δ_G		$0.2/3=0.066$
$\Sigma\Delta$		$\sqrt{0.101^2+0.066^2}=0.12$
J_c		$0.2-0.12=0.08$

由计算结果可知，该夹具能保证加工精度，并有一定的精度储备。

思考题与习题

4-1　车床夹具可分为哪几类？各有何特点？

4-2　何谓定心夹紧机构？它有什么特点？试以"夹具图册"中图 4-2 为例说明之。

4-3　气压动力装置与液压动力装置比较，有什么优缺点？

4-4 车床夹具与车床主轴的连接方式有哪几种?

4-5 在 C620 车床上镗图 4-25 所示轴承座上的 $\phi32K7$ 孔，A 面和两个 $\phi9H7$ 孔已加工好，试设计所需的车床夹具，对工件进行工艺分析，画出车床夹具草图，标注尺寸，并进行加工精度分析。

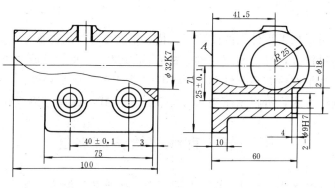

图 4-25　题 4-5 图

第五章　铣　床　夹　具

铣床夹具主要用于加工零件上的平面、凹槽、花键及各种成型面，是最常用的夹具之一。铣削加工时切削用量较大，且为断续切削，故切削力较大，冲击和振动也较严重，因此设计铣床夹具时，应注意工件的装夹刚性和夹具在工作台上的安装平稳性。

按铣削时的进给方式，可将铣床夹具分为直线进给式、圆周进给式和靠模进给式三种。

第一节　直线进给铣床夹具

这类夹具安装在铣床工作台上，加工中随工作台按直线进给方式运动。例如图 5-2 是铣图 5-1 所示连杆上直角凹槽的直线进给式夹具。工件以一面两孔在支承板 8、菱形销 7 和圆柱销 9 上定位。拧紧螺母 6，通过活节螺栓 5 带动浮动杠杆 3，使两副压板 10 均匀地同时夹紧两个工件。该夹具可同时加工六个工件，为多件加工铣床夹具，生产率高。

一、直线进给式铣床夹具的结构特点

1. 定位键

为了确定夹具与机床工作台的相对位置，在夹具体的底面上应设置定位键。如图 5-2 中的两个定位

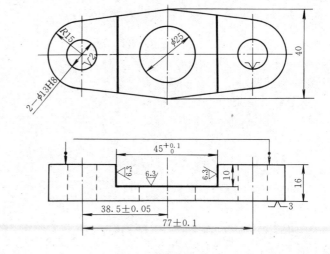

图 5-1　连杆铣槽工序图

键 11，用沉头螺钉固定在夹具体底面纵向槽的两端，通过定位键与铣床工作台上的 T 形槽配合，确定了夹具在机床上的正确位置。两定位键间的距离越大，定向精度越高。除定位之外，定位键还能承受部分切削扭矩，减轻夹具固定螺栓的负荷，增加夹具的稳定性。因此，铣平面夹具有时也装定位键。

定位键有矩形和圆形两种，如图 5-3 所示。常用的是矩形定位键，其结构尺寸已标准化，可参阅"夹具标准"（GB/T2206—91），或附表 7。

矩形定位键有两种结构型式：A 型（图 5-3a）和 B 型（图 5-3b）。A 型定位键的宽度，按统一尺寸 B（h6 或 h8）制作，适用于夹具的定向精度要求不高的场合，B 型定位键的侧面开有沟槽，沟槽的上部与夹具体的键槽配合，其宽度尺寸 B 按 H7/h6 或 Js6/h6 与键槽相配合。沟槽的下部宽度为 B_1，与铣床工作台的 T 形槽配合。因为 T 形槽公差为 H8 或 H7，故 B_1 一般按 h8 或 h6 制造。为了提高夹具的定位精度，在制造定位键时，B_1 应留有磨量 0.5mm，以便与工作台 T 形槽修配。

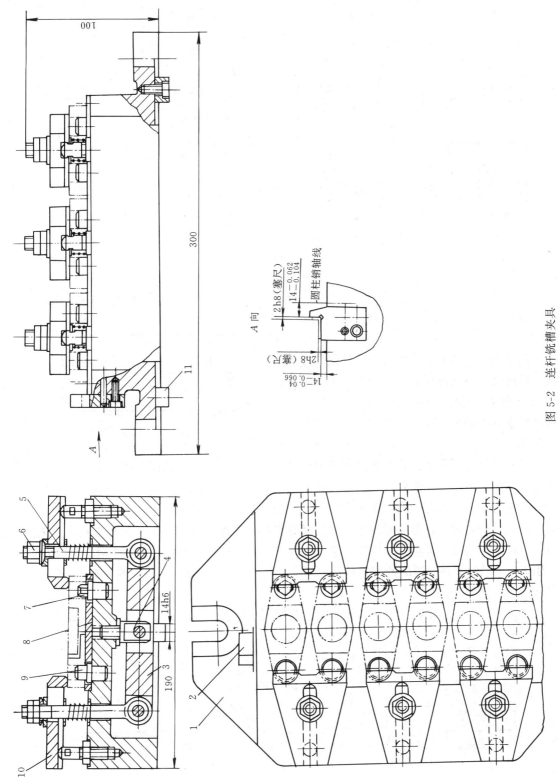

图 5-2 连杆铣槽夹具

1—夹具体 2—对刀块 3—浮动杠杆 4—铰链螺钉 5—活节螺栓 6—螺母 7—菱形销 8—支承板 9—圆柱销 10—压板 11—定位键

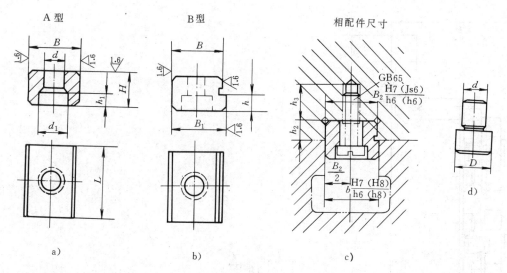

图 5-3 定位键

在有些小型夹具中，可采用图 5-3d 所示的圆柱形定位键，这种定位键制造方便，但容易磨损,定位稳定性不如矩形定位键好,故应用不多。

定向精度要求高的铣床夹具，可不设置定位键，而在夹具体的侧面加工出一窄长平面作为夹具安装时的找正基面，通过找正获得较高的定向精度，如图 5-4 所示的 A 面。

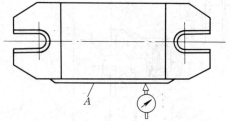

图 5-4 铣床夹具的找正基面

2. 对刀元件

对刀元件是用来确定刀具与夹具的相对位置的元件，如图 5-2 中铣床夹具上的对刀块 2。常见的标准对刀块有：圆形对刀块，用于加工单一平面时对刀；方形对刀块，用于调整组合铣刀位置时对刀；直角对刀块，用于加工两相互垂直面或铣槽时对刀；侧装对刀块，它安装在夹具体侧面，用于加工两相互垂直面或铣槽时对刀。具体结构尺寸可参阅"夹具标准"（GB/T2240～2243—91）、"夹具手册"或附表 6。

图 5-5 所示为各种对刀块的使用情况，其中图 5-5a、b 是标准对刀块，图 5-5c、d 是用于铣成形面的特殊对刀块。

对刀时，铣刀不能与对刀块的工作表面直接接触,以免损坏切削刃或造成对刀块过早磨

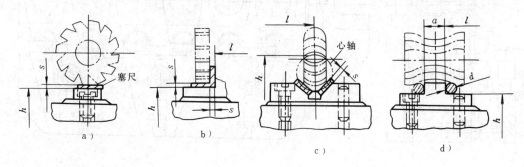

图 5-5 对刀装置

损，而应通过塞尺来校准它们之间的相对位置，即将塞尺放在刀具与对刀块工作表面之间，凭借抽动塞尺的松紧感觉来判断铣刀的位置。图 5-6 所示是常用的两种标准塞尺结构。图 5-6a 为对刀平塞尺，$s=1\sim5$mm，公差取 h8；图 5-6b 为对刀圆柱塞尺，$d=3\sim5$mm，公差取 h8。具体结构尺寸可参阅"夹具标准"（GB/T2244～2245—91）或"夹具手册"。

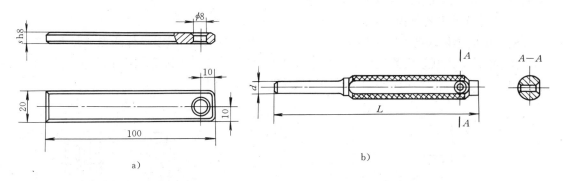

图 5-6　对刀用的标准塞尺

在设计夹具时，夹具总图上应标注塞尺的尺寸和公差，如图 5-2 中 A 向视图所示。

3. 夹具体的设计

由于铣削时的切削力和振动较大，因此，铣床夹具的夹具体不仅要有足够的刚度和强度，其高度与宽度之比也应恰当，一般为 $H/B\leqslant1\sim1.25$（图 5-7a）以降低夹具的重心，使工件的加工表面尽量靠近工作台面，提高加工时夹具的稳定性。

此外，为方便铣床夹具在铣床工作台上的固定，夹具体上应设置耳座，常见的耳座结构如图 5-7b、c 所示，其结构尺寸可参考"夹具手册"。对于小型夹具体，一般两端各设置一个耳座；夹具体较宽时，可在两端各设置两个耳座，两耳座的距离应与工作台上两 T 形槽的距离一致；对于重型铣床夹具，夹具体两端还应设置吊装孔或吊环等。

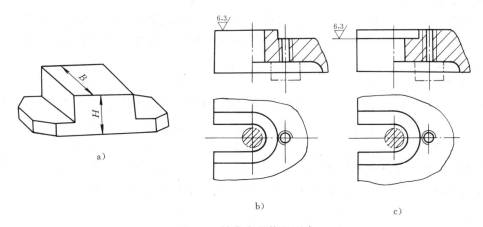

图 5-7　铣床夹具体和耳座

为了提高生产率，减轻工人的劳动强度，铣床夹具经常采用联动夹紧机构和铰链夹紧机构。

二、联动夹紧机构

对于图 5-2 中的夹紧机构，只要拧紧一个螺母，两端的压板便同时将两个工件多点夹紧。

这种一次操作就能同时多点夹紧一个工件或同时夹紧几个工件的机构,称为联动夹紧机构。联动夹紧机构可以简化操作,简化夹具结构,节省装夹时间,因此,不仅在铣床夹具上使用,也常用于其它机床夹具。

联动夹紧机构可分为单件联动夹紧机构和多件联动夹紧机构。前者对一个工件进行多点夹紧,后者能同时夹紧几个工件。

1. 单件联动夹紧机构

最简单的单件联动夹紧机构是浮动压头,如图 5-8 所示,属于单件两点夹紧方式。图 5-9 所示为单件三点联动夹紧机构,拉杆 3 带动浮动盘 2,使三个钩形压板 1 同时夹紧工件。由于采用了能够自动回转的钩形压板,所以装卸工件很方便。

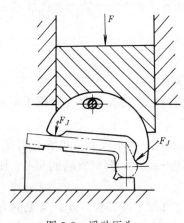

图 5-8 浮动压头

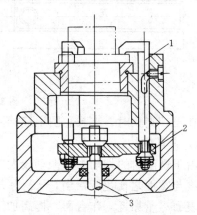

图 5-9 单件三点联动夹紧
1—钩形压板 2—浮动盘 3—拉杆

图 5-10a 为单件四点联动夹紧铣床夹具。夹紧时,转动手柄 1 使偏心轮 2 推动柱塞 10,由液性塑料将压力传到四个滑柱 6 上,迫使滑柱向外推动压板 4 和 5 同时夹紧工件。当反转偏心轮 2 时,拉簧 8 将压板松开,压回四个滑柱 6,以备装卸工件。图 5-10b 所示为铰链压板式四点联动夹紧机构。只要拧紧图中的螺母,通过三个浮动压块的浮动,可使工件在两个方向四个点上得到夹紧,各方向夹紧力的大小可通过改变杠杆比调节。"夹具图册"中图 5-6 所示的夹具上也使用了单件多点联动夹紧机构。

2. 多件联动夹紧机构

多件联动夹紧机构多用于小型工件,在铣床夹具中应用尤为广泛。根据夹紧方式和夹紧方向的不同,它可分为平行夹紧、顺序夹紧、对向夹紧和复合夹紧四种方式。

图 5-11 为多件平行夹紧联动机构。在一次装夹多个工件时,若采用刚性压板(图 5-11a),则因工件的直径不等及 V 形块有误差,使各工件所受的力不等或夹不住。采用图 5-11b 所示三个浮动压板,可同时夹紧所有工件,且各工件所受的夹紧力理论上相等,即

$$F_{J1}=F_{J2}=F_{J3}=F_{J4}=\frac{F_J}{n}$$

式中 F_J——夹紧装置的总夹紧力;

n——被夹紧工件的件数。

"夹具图册"中的图 5-1 是多件平行联动夹紧机构的应用实例。

图 5-12 是同时铣削四个工件的顺序夹紧铣床夹具。当压缩空气推动活塞 1 向下移动时,

活塞杆 2 上的斜面推动滚轮 3 使推杆 4 向右移动，通过杠杆 5 使顶杆 6 顶紧 V 形块 7，通过中间三个浮动 V 形块 8 及固定 V 形块 9，连续夹紧四个工件，理论上每个工件所受的夹紧力等于总夹紧力。加工完毕后，活塞 1 作反向运动，推杆 4 在弹簧的作用下退回原位，V 形块松开，装卸工件。

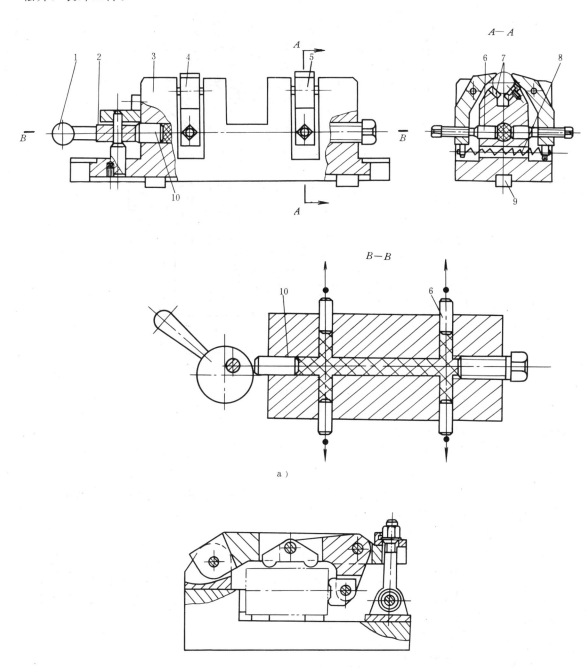

图 5-10　单件四点联动夹紧

1—手柄　2—偏心轮　3—夹具体　4、5—压板　6—滑柱　7—钢制垫片　8—拉簧　9—定位键　10—柱塞

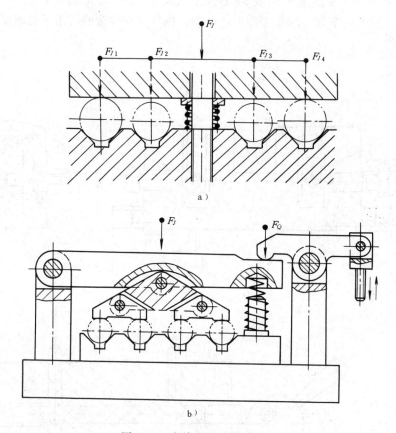

图 5-11 多件平行联动夹紧

对于这种顺序夹紧方式，由于工件的误差和定位—夹紧元件的误差依次传递，逐个积累，故只适用于在夹紧方向上没有加工要求的工件。

"夹具图册"中图 5-3 所示的夹具也是这种夹紧方式。其它形式的多件联动夹紧机构可参见"夹具手册"。

生产中并不拘泥于一种夹紧方式，往往是各种夹紧方式综合使用，例如图 5-2 所示的夹具，采用的就是两件两点联动夹紧方式。

3. 设计联动夹紧机构时应注意的问题

1）要设置浮动环节。为了使联动夹紧机构的各个夹紧点能同时、均匀地夹紧工件，各夹紧元件的位置应能协调浮动。图 5-9 中的浮动盘 2（三点夹紧有两个浮动环节）、图 5-10a 中的液性塑料、图 5-10b 中的三个浮动压板、图 5-12 中的三个浮动 V 形块，都是为此目的而设置的，称为浮动环节。若有 n 个夹紧点，则应有 $n-1$ 个浮动环节。

2）同时夹紧的工件数量不宜太多。

3）有较大的总夹紧力和足够的刚度。

4）力求设计成增力机构，并使结构简单、紧凑，以提高机械效率。

三、铰链夹紧机构

铰链夹紧机构是由铰链杠杆组合而成的一种增力机构，其结构简单，增力倍数较大，但无自锁性能。它常与动力装置（气缸、液压缸等）联用，在气动铣床夹具中应用较广，也用于其它机床夹具。

如图 5-13 所示，在连杆右端铣槽。工件以 $\phi52$mm 外圆柱面、侧面及右端底面分别在 V 形块、可调螺钉和支承座上定位，采用气压驱动的双臂单作用铰链夹紧机构夹紧工件。

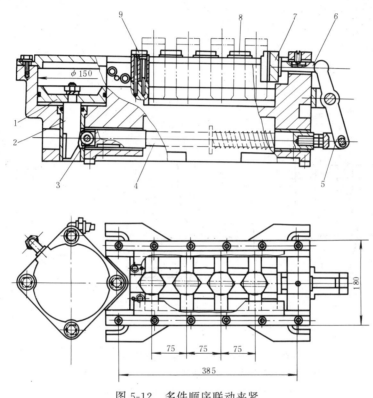

图 5-12 多件顺序联动夹紧

1—活塞 2—活塞杆 3—滚轮 4—推杆 5—杠杆 6—顶杆

7—V 形块 8—浮动 V 形块 9—固定 V 形块

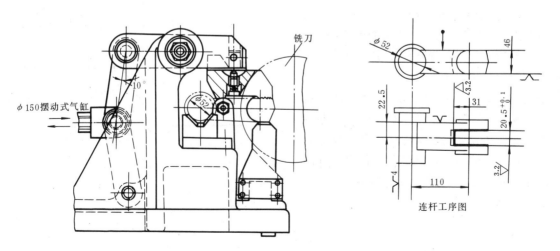

图 5-13 双臂单作用铰链夹紧的铣床夹具

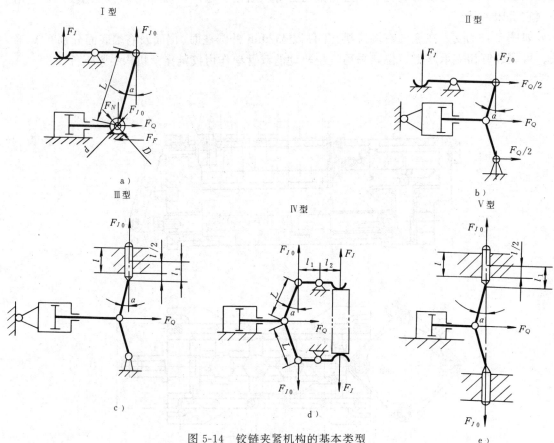

图 5-14 铰链夹紧机构的基本类型

a）单臂单作用式 b）双臂单作用式 c）双臂单作用滑柱式
d）双臂双作用式 e）双臂双作用滑柱式

"夹具图册"中的图 2-5 是这种机构的应用实例。

常见的铰链夹紧机构有图 5-14 中所示的五种类型。图 5-15 是 I 型单臂单作用式铰链夹紧机构工作时，连杆的变位情况。当连杆的倾斜角为零时（即 $\alpha_0=0°$），连杆末端的极限位置为 B 点，实际使用时，为了防止夹紧机构失效，连杆末端的位置应与 B 点保持一个最小距离，只能到 C 点。DC 称为铰链夹紧机构传力点的行程 s，BC 称为传力点行程的最小储备量 s_c，一般取 $s_c \geq 0.5$mm。图 5-15 中的 s_0 是气缸的工作行程。

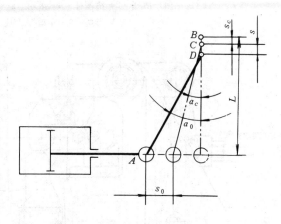

图 5-15 铰链夹紧机构传力点的行程和最小储备量

s_c 的计算公式如下：

I、IV、V 型 $s_c=L（1-\cos\alpha_c）$ (5-1)

II、III 型 $s_c=2L（1-\cos\alpha_c）$ (5-2)

式中　L——连杆长度；

　　α_c——最小储备倾斜角。

s_0、s 的计算公式如下：

单臂单作用铰链夹紧机构（Ⅰ型）

$$s_0 = L (\sin\alpha_0 - \sin\alpha_c) \tag{5-3}$$

$$s = 2L (\cos\alpha_c - \cos\alpha_0) \tag{5-4}$$

Ⅱ、Ⅲ、Ⅳ、Ⅴ型铰链夹紧机构

$$s_0 = L (\sin\alpha_0 - \sin\alpha_c)$$

$$s = 2L (\cos\alpha_c - \cos\alpha_0) \tag{5-5}$$

式中　α_0——开始夹紧时连杆的倾斜角。

设计铰链夹紧机构时，先确定 s_c、α_0、L，再根据式（5-1）、式（5-2）算出 α_c，最后计算 s、s_0。表 5-1 为各类铰链夹紧机构的增力系数 i_p 和最小储备量 s_c。铰链夹紧机构其它尺寸的计算可参考"夹具手册"。

表 5-1　各类型铰链夹紧机构的 i_p 和 s_c 值

铰链机构型式	增 力 系 数 公 式	i_p 和 s_c	链 臂 的 倾 斜 角 α_x			
			5°	10°	15°	20°
Ⅰ型	$i_p = \dfrac{F_J}{F_Q} = \dfrac{1}{\mathrm{tg}\varphi_1' + \mathrm{tg}(\alpha + \varphi_2')}$	i_p	6.33	4.04	2.94	2.30
		s_c	0.004L	0.15L	0.034L	0.061L
Ⅱ型	$i_p = \dfrac{F_J}{F_Q} = \dfrac{1}{2\,\mathrm{tg}(\alpha + \varphi_2')}$	i_p	4.63	2.52	1.72	1.29
		s_c	0.008L	0.030L	0.068L	0.123L
Ⅲ型	$i_p = \dfrac{F_J}{F_Q} = \dfrac{1}{2}\left[\dfrac{1}{\mathrm{tg}(\alpha + \varphi_2')} - \mathrm{tg}\varphi_3'\right]$ $\mathrm{tg}\varphi_3' = \dfrac{3l_1}{l}\mathrm{tg}\varphi_3$	i_p	4.52	2.43	1.62	1.19
		s_c	0.008L	0.030L	0.068L	0.123L
Ⅳ型	$i_p = \dfrac{F_{J0}}{F_Q} = \dfrac{1}{\mathrm{tg}(\alpha + \varphi_2')}$ $F_{J0} = \dfrac{F_J}{2}$	i_p	9.26	5.06	3.45	2.58
		s_c	0.008L	0.030L	0.068L	0.123L
Ⅴ型	$i_p = \dfrac{F_J}{F_Q} = \dfrac{1}{\mathrm{tg}(\alpha + \varphi_2')} - \mathrm{tg}\varphi_3'$ $\mathrm{tg}\varphi_3' = \dfrac{3l_1}{l}\mathrm{tg}\varphi_3$ $F_{J0} = \dfrac{F_J}{2}$	i_p	9.05	4.85	3.24	2.37
		s_c	0.008L	0.030L	0.068L	0.123L

注：1. φ_1 和 φ_1' 为滚子与支承面的摩擦角和当量摩擦角，$\mathrm{tg}\varphi_1' = \dfrac{d}{D}f$。

2. φ_2 和 φ_2' 为铰链臂两端销轴处的摩擦角和当量摩擦角，$\mathrm{tg}\varphi_2' = \dfrac{d}{L}f$。

3. φ_3 和 φ_3' 为带移动柱塞导向孔间的摩擦角和当量摩擦角。

4. 表中 $\mathrm{tg}\varphi_1 = \mathrm{tg}\varphi_3 = 0.1$，$\dfrac{d}{D} = 0.5$，$\dfrac{L_1}{L} = 0.7$，$\dfrac{d}{L} = 0.2$，$\varphi_2' = 1°10'$。

5. Ⅳ、Ⅴ型的 s_c 为两臂储备移动量之和。

第二节　其它铣床夹具

一、圆周进给铣床夹具

圆周进给铣床夹具多用在有回转工作台或回转鼓轮的铣床上，依靠回转台或鼓轮的旋转将工件顺序送入铣床的加工区域，以实现连续切削。在切削的同时，可在装卸区域装卸工件，使辅助时间与机动时间重合，因此它是一种高效率的铣床夹具。

图 5-16 所示是在立式铣床上连续铣削拨叉两端面的夹具。工件以圆孔、孔的端面及侧面在定位销 2 和挡销 4 上定位，由液压缸 6 驱动拉杆 1，通过开口垫圈 3 将工件夹紧。夹具上同时装夹 12 个工件。电动机通过蜗杆蜗轮机构带动工作台回转，AB 扇形区是切削区域，CD 是装卸工件区域，可在不停车情况下装卸工件。

设计圆周铣床夹具时应注意下列问题：

1）沿圆周排列的工件应尽量紧凑，以减少铣刀的空行程和转台（或鼓轮）的尺寸。

2）尺寸较大的夹具不宜制成整体式，可将定位、夹紧元件或装置直接安装在转台上。

3）夹紧用手柄、螺母等元件，最好沿转台外沿分布，以便操作。

4）应设计合适的工作节拍，以减轻工人的劳动强度，并注意安全。

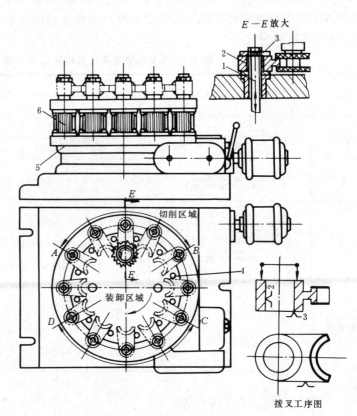

图 5-16　圆周进给铣床夹具
1—拉杆　2—定位销　3—开口垫圈
4—挡销　5—转台　6—液压缸

二、靠模铣床夹具

带有靠模的铣床夹具称为靠模铣床夹具，用于专用或通用铣床上加工各种非圆曲面。靠模的作用是使工件获得辅助运动。按照主进给运动的运动方式，靠模铣床夹具可分为直线进给和圆周进给两种。

1. 直线进给式靠模铣床夹具

图 5-17a 为直线进给式靠模铣夹具示意图。靠模 3 与工件 1 分别装在夹具上，夹具安装在铣床工作台上，滚子滑座 5 和铣刀滑座 6 两者连为一体，且保持两者轴线间距离 k 不变。该滑座组合件在重锤或弹簧拉力 F 的作用下，使滚子 4 压紧在靠模上，铣刀 2 则保持与工件接触。

当工作台作纵向直线进给时，滑座即获得一横向辅助运动，使铣刀仿照靠模的轮廓在工件上铣出所需的形状。这种加工一般在靠模铣床上进行。

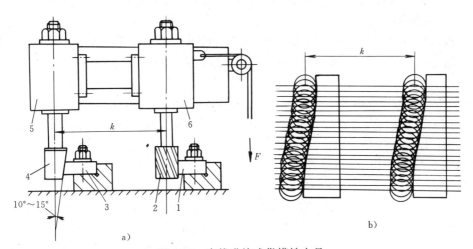

图 5-17　直线进给式靠模铣夹具

1—工件　2—铣刀　3—靠模　4—滚子　5—滚子滑座　6—铣刀滑座

2. 圆周进给靠模铣床夹具

图 5-18a 为圆周进给式靠模铣夹具示意图。夹具装在回转工作台 3 上，回转工作台又装在滑座 4 上。滑座受重锤或弹簧拉力的作用而使靠模 2 与滚子 5 保持紧密接触。滚子 5 与铣刀 6 不同轴，两轴相距为 k。当转台带动工件回转时，滑座也带动工件沿导轨相对于刀具作径向辅助运动，从而加工出与靠模外形相仿的成形面。

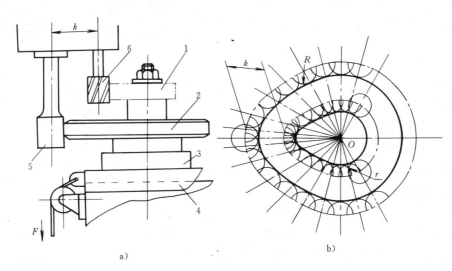

图 5-18　圆周进给式靠模铣夹具

1—工件　2—靠模　3—回转工作台　4—滑座　5—滚子　6—铣刀

3. 靠模板轮廓曲线的设计方法

图 5-17b 和 5-18b 反映了滚柱和铣刀的相对运动轨迹，即反映了工件轮廓和靠模板轮廓的关系。由此可得靠模板轮廓曲线的绘制过程如下：

1）画出工件的准确外形。

2）从工件的加工轮廓面或回转中心作均分的平行线或辐射线。

3）在每条平行线或辐射线上，以铣刀半径 r 作与工件外形轮廓相切的圆，连接各圆心，即得到铣刀中心的运动轨迹。

4）从铣刀中心沿各平行线或辐射线截取长度等于 k 的线段，得到滚轮中心的运动轨迹。

5）以滚轮中心为圆心，滚轮半径 R 为半径画圆，再作这些圆的内包络线，即得到靠模板的轮廓曲线。

铣刀的半径应等于或小于工件轮廓的最小曲率半径，滚柱直径应等于或略大于铣刀直径。为防止滚柱和靠模板磨损后或铣刀刃磨后影响工件的轮廓尺寸，通常将靠模和滚柱作成 10°～15°的斜角，以便调整。

"夹具图册"中的图 5-5 是靠模铣夹具。

第三节　铣床夹具设计示例

如图 5-19 所示，要求铣一车床尾座顶尖套上的键槽和油槽，试设计大批生产时所用的铣床夹具。

根据工艺规程，在铣双槽之前，其它表面均已加工好，本工序的加工要求是：

1）键槽宽 12H11。槽侧面对 ϕ70.8h6 轴线的对称度为 0.10mm，平行度为 0.08mm。槽深控制尺寸 64.8mm。键槽长度 60±0.4mm。

2）油槽半径 3mm，圆心在轴的圆柱面上。油槽长度 170mm。

3）键槽与油槽的对称面应在同一平面内。

一、定位方案

若先铣键槽后铣油槽，按加工要求，铣键槽时应限制五个自由度，铣油槽时应限制六个自由度。

因为是大批生产，为了提高生产率，可在铣床主轴上安装两把直径相

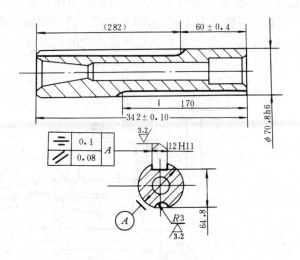

图 5-19　铣顶尖套双槽工序图

等的铣刀，同时对两个工件铣键槽和油槽，每进给一次，即能得到一个键槽和油槽均已加工好的工件，这类夹具称多工位加工铣床夹具。图 5-20 所示为顶尖套铣双槽的两种定位方案。

方案 Ⅰ：工件以 ϕ70.8h6 外圆在两个互相垂直的平面上定位，端面加止推销，如图 5-20a 所示。

方案 Ⅱ：工件以 ϕ70.8h6 外圆在 V 形块上定位，端面加止推销，如图 5-20b 所示。

为保证油槽和键槽的对称面在同一平面内，两方案中的第二工位（铣油槽工位）都需用

一短销与已铣好的键槽配合，限制工件绕轴线的角度自由度。由于键槽和油槽的长度不等，要同时进给完毕，需将两个止推销沿工件轴线方向错开适当的距离。

比较以上两种方案，方案 I 使加工尺寸为 64.8mm 的定位误差为零，方案 II 则使对称度的定位误差为零。由于 64.8mm 未注公差，加工要求低，而对称度的公差较小，故选用方案 II 较好，从承受切削力的角度看，方案 II 也较可靠。

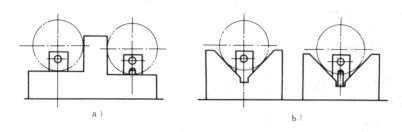

图 5-20　顶尖套铣双槽定位方案

二、夹紧方案

根据夹紧力的方向应朝向主要限位面以及作用点应落在定位元件的支承范围内的原则，如图 5-21 所示，夹紧力的作用线应落在 β 区域内（N' 为接触点），夹紧力与垂直方向的夹角应尽量小，以保证夹紧稳定可靠。铰链压板的两个弧形面的曲率半径应大于工件的最大半径。

由于顶尖套较长，须用两块压板在两处夹紧。如果采用手动夹紧，工件装卸所花时间较多，不能适应大批生产的要求；若用气动夹紧，则夹具体积太大，不便安装在铣床工作台上，

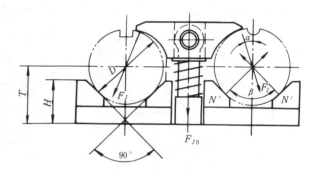

图 5-21　夹紧力的方向和作用点

因此宜用液压夹紧，如图 5-22 所示。采用小型夹具用法兰式液压缸 5 固定在 I 、II 工位之间，采用联动夹紧机构使两块压板 7 同时均匀地夹紧工件。液压缸的结构型式和活塞直径可参考"夹具手册"。

三、对刀方案

键槽铣刀需两个方向对刀，故应采用侧装直角对刀块 6。由于两铣刀的直径相等，油槽深度由两工位 V 形块定位高度之差保证。两铣刀的距离 125±0.03mm 则由两铣刀间的轴套长度确定。因此，只需设置一个对刀块即能满足键槽和油槽的加工要求。

四、夹具体与定位键

为了在夹具体上安装液压缸和联动夹紧机构，夹具体应有适当高度，中部应有较大的空间。为保证夹具在工作台上安装稳定，应按照夹具体的高宽比不大于 1.25 的原则确定其宽度，并在两端设置耳座，以便固定。

为了保证槽的对称度要求，夹具体底面应设置定位键，两定位键的侧面应与 V 形块的对称面平行。为减小夹具的安装误差，宜采用 B 型定位键。

五、夹具总图上的尺寸、公差和技术要求

146

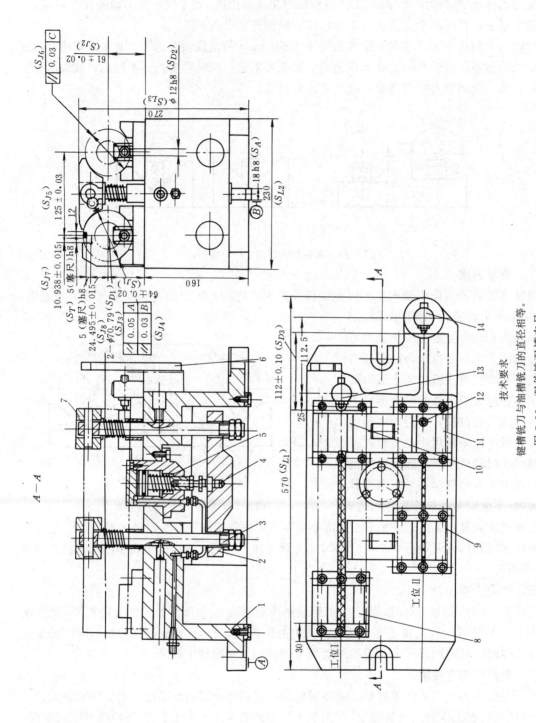

技术要求

键槽铣刀与油槽铣刀的直径相等。

图 5-22 双件铣双槽夹具

1—夹具体 2—浮动杠杆 3—螺杆 4—支钉 5—液压缸 6—对刀块 7—压板 8,9,10,11—V形块 12—定位销 13,14—止推销

1）夹具最大轮廓尺寸 S_L 为 570mm、230mm、270mm。

2）影响工件定位精度的尺寸和公差 S_D 为两组 V 形块的设计心轴直径 $\phi70.79$mm、两止推销的距离 112 ± 0.1mm、定位销 12 与工件上键槽的配合尺寸 $\phi12h8$。

3）影响夹具在机床上安装精度的尺寸和公差 S_A 为定位键与铣床工作台 T 形槽的配合尺寸 18h8（T 形槽为 18H8）。

4）影响夹具精度的尺寸和公差 S_J 为两组 V 形块的定位高度 64 ± 0.02mm、61 ± 0.02mm；I 工位 V 形块 8、10 设计心轴轴线对定位键侧面 B 的平行度 0.03mm；I 工位 V 形块设计心轴轴线对夹具底面 A 的平行度 0.05mm；I 工位与 II 工位 V 形块的距离尺寸 125 ± 0.03mm；I 工位与 II 工位 V 形块设计心轴轴线间的平行度 0.03mm。对刀块的位置尺寸 $11_{-0.017}^{-0.047}$mm、$24.5_{-0.02}^{+0.01}$mm（或 10.938 ± 0.015mm、24.495 ± 0.015mm）。

对刀块的位置尺寸 h 为限位基准到对刀块表面的距离。计算时，要考虑定位基准在加工尺寸方向的最小位移量 i_{min}。

当最小位移量使加工尺寸增大时

$$h=H\pm s-i_{min} \tag{5-6}$$

当最小位移量使加工尺寸缩小时

$$h=H\pm s+i_{min} \tag{5-7}$$

式中　h——对刀块的位置尺寸；

　　　　H——定位基准至加工表面的距离；

　　　　s——塞尺厚度。

当工件以圆孔在心轴上定位或者以圆柱面在定位套中定位并在外力作用下单边接触时

$$i_{min}=\frac{X_{min}}{2}$$

式中　X_{min}——圆柱面与圆孔的最小配合间隙。

当工件以圆柱面在 V 形块上定位时 $i_{min}=0$。

按图 5-23 所示的两个尺寸链，将各环转化为平均尺寸（对称偏差的基本尺寸），分别算出 h_1 和 h_2 的平均尺寸，然后取工件相应尺寸公差的 $1/2\sim1/5$ 作为 h_1 和 h_2 的公差，即可确定对刀块的位置尺寸和公差。

本例中，由于工件定位基面直径 $\phi70.8h6=\phi70.8_{-0.019}^{0}$ mm $=\phi70.7905\pm0.095$mm，塞尺厚度 $s=5h8=5_{-0.018}^{0}$ mm $=4.91\pm0.09$mm，键槽宽 $12H11=12_{0}^{+0.011}$ mm $=12.055\pm0.055$mm，槽深控制尺寸 $64.8Js12=64.8\pm0.15$mm，所以对刀块水平方向的位置尺寸为

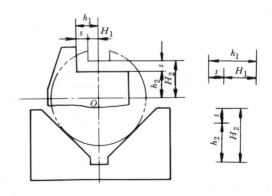

图 5-23　对刀块位置尺寸计算

$$H_1=\frac{12.055}{2}\text{mm}$$

$$h_1=(6.0275+4.91)\text{mm}=10.938\text{mm}（基本尺寸）$$

对刀块垂直方向的位置尺寸为

$$H_2=\left(64.8-\frac{70.79}{2}\right)\text{mm}=29.405\text{mm}$$

$$h_2=(29.405-4.91)\text{mm}=24.495\text{mm}\text{（基本尺寸）}$$

取工件相应尺寸公差的 $1/2\sim1/5$ 得

$$h_1=10.938\pm0.015\text{mm}=11^{-0.047}_{-0.077}\text{mm}$$

$$h_2=24.495\pm0.015\text{mm}=24.5^{+0.01}_{-0.02}\text{mm}$$

5）影响对刀精度的尺寸和公差 S_T：塞尺的厚度尺寸 $5h8=5^{0}_{-0.018}\text{mm}$。

6）夹具总图上应标注下列技术要求：键槽铣刀与油槽铣刀的直径相等。

六、加工精度分析

顶尖套铣双槽工序中，键槽两侧面对 $\phi70.8h6$ 轴线的对称度和平行度要求较高，应进行精度分析，其它加工要求未注公差或公差很大，可不进行精度分析。

1. 键槽侧面对 $\phi70.8h6$ 轴线的对称度的加工精度

（1）定位误差 Δ_D 由于对称度的工序基准是 $\phi70.8h6$ 轴线，定位基准也是此轴线，故 $\Delta_B=0$。由于 V 形块的对中性，$\Delta_Y=0$。因此，对称度的定位误差为零。

（2）安装误差 Δ_A 定位键在 T 形槽中有两种位置，如图 5-24 所示。因加工尺寸在两定位键之间，按图 5-24a 所示计算

$$\Delta_A=X_{\max}=(0.027+0.027)\text{mm}=0.054\text{mm}$$

若加工尺寸在两定位键之外，则应按图 5-24b 所示计算

$$\Delta_A=X_{\max}+2L\text{tg}\Delta\alpha \tag{5-8}$$

$$\text{tg}\Delta\alpha=\frac{X_{\max}}{L_0} \tag{5-9}$$

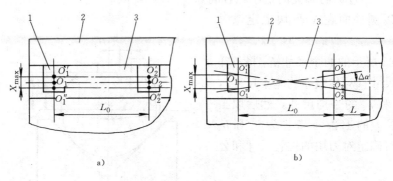

图 5-24 顶尖套铣双槽夹具的安装误差

1—定位键 2—工作台 3—T 形槽

（3）对刀误差 Δ_T 对称度的对刀误差等于塞尺厚度的公差，即 $\Delta_T=0.018\text{mm}$。

（4）夹具误差 Δ_J 影响对称度的误差有：I 工位 V 形块设计心轴轴线对定位键侧面 B 的平行度 0.03mm、对刀块水平位置尺寸 $11^{-0.047}_{-0.077}\text{mm}$ 的公差，所以 $\Delta_J=(0.03+0.03)\text{mm}=0.06\text{mm}$。

2. 键槽侧面对 $\phi70.8h6$ 轴线的平行度的加工误差

（1）定位误差 Δ_D 由于两 V 形块 8、10（图 5-22）一般在装配后一起精加工 V 形面，它

们的相互位置误差极小，可视为一长 V 形块，所以 $\Delta_D = 0$。

（2）安装误差 Δ_A　当定位键的位置如图 5-24a 所示时，工件的轴线相对工作台导轨平行，所以 $\Delta_A = 0$。

当定位键的位置如图 5-24b 所示时，工件的轴线相对工作台导轨有转角误差，使键槽侧面对 $\phi 70.8h6$ 轴线产生平行度误差，故

$$\Delta_A = \mathrm{tg}\Delta\alpha L = \left(\frac{0.054}{400} \times 282\right) mm = 0.038 mm$$

（3）对刀误差 Δ_T　由于平行度不受塞尺厚度的影响，所以 $\Delta_T = 0$。

（4）夹具误差 Δ_J　影响平行度的制造误差是 I 工位 V 形块设计心轴轴线与定位键侧面 B 的平行度 0.03mm，所以 $\Delta_J = 0.03$mm。

总加工误差 $\Sigma\Delta$ 和精度储备 J_c 的计算见表 5-2。经计算可知，顶尖套铣双槽夹具不仅可以保证加工要求，还有一定的精度储备。

表 5-2　顶尖套铣双槽夹具的加工误差　　　　　　　　　　　（mm）

代 号　　加工要求	对　称　度　0.1	平　行　度　0.08
Δ_D	0	0
Δ_A	0.054	0.038
Δ_T	0.018	0
Δ_J	0.06	0.03
Δ_G	0.1/3 = 0.033	0.08/3 = 0.027
$\Sigma\Delta$	$\sqrt{0.054^2 + 0.018^2 + 0.06^2 + 0.033^2} = 0.089$	$\sqrt{0.038^2 + 0.03^2 + 0.027^2} = 0.055$
J_c	0.01 − 0.089 = 0.011	0.088 − 0.055 = 0.025

思考题与习题

5-1　何谓联动夹紧机构？设计联动夹紧机构时应注意哪些问题？以"夹具图册"中图 2-7、图 2-8 说明之。

5-2　铰链夹紧机构有什么特点？以"夹具图册"中图 2-6 为例说明之。若工件公差为 ±0.2mm，铰链臂与杠杆臂均为 $L = 100$mm，试求活塞杆行程。

5-3　定位键起什么作用？它有几种结构型式？

5-4　在图 5-25 所示的接头上铣槽，其它表面均已加工好。试对工件进行工艺分析，设计所需的铣床夹具（只画草图），标注尺寸、公差及技术要求，并进行加工精度分析。

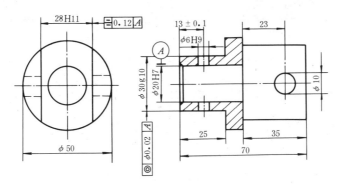

图 5-25　题 5-4 图

第六章 镗床夹具

镗床夹具又称镗模，主要用于加工箱体、支架类零件上的孔或孔系，它不仅在各类镗床上使用，也可在组合机床、车床及摇臂钻床上使用。镗模的结构与钻模相似，一般用镗套作为导向元件引导镗孔刀具或镗杆进行镗孔。镗套按照被加工孔或孔系的坐标位置布置在镗模支架上。按镗模支架在镗模上的布置形式的不同，可分为双支承镗模、单支承镗模及无支承镗床夹具三类。

第一节 双支承镗模

双支承镗模上有两个引导镗刀杆的支承，镗杆与机床主轴采用浮动连接，镗孔的位置精度由镗模保证，消除了机床主轴回转误差对镗孔精度的影响。

一、前后双支承镗模

图 6-1 为镗削车床尾座孔的镗模，镗模的两个支承分别设置在刀具的前方和后方，镗刀杆 9 和主轴之间通过浮动接头 10 连接。工件以底面、槽及侧面在定位板 3、4 及可调支承钉 7 上定位，限制六个自由度。采用联动夹紧机构，拧紧夹紧螺钉 6，压板 5、8 同时将工件夹紧。镗模支架 1 上装有滚动回转镗套 2，用以支承和引导镗刀杆。镗模以底面 A 作为安装基面安装在机床工作台上，其侧面设置找正基面 B，因此可不设定位键。

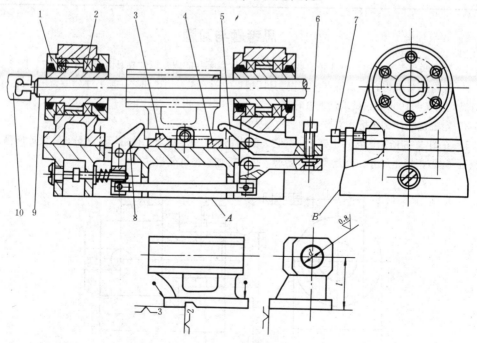

图 6-1 镗削车床尾座孔镗模

1—支架 2—镗套 3、4—定位板 5、8—压板 6—夹紧螺钉 7—可调支承钉 9—镗刀杆 10—浮动接头前后双支承镗模应用得最普遍，一般用于镗削孔径较大，孔的长径比 $L/D>1.5$ 的通孔或孔系，其加工精度较高，但更换刀具不方便。

当工件同一轴线上孔数较多，且两支承间距离 $L>10d$ 时，在镗模上应增加中间支承，以提高镗杆刚度（d 为镗杆直径）。

"夹具图册"中图 6-1 所示为减速箱体镗垂直方向两孔的前后双支承镗床夹具。

二、后双支承镗模

图 6-2 为后双支承镗孔示意图，两个支承设置在刀具的后方，镗杆与主轴浮动连接。为保证镗杆的刚性，镗杆的悬伸量 $L_1<5d$；为保证镗孔精度，两个支承的导向长度 $L>(1.25\sim1.5)L_1$。后双支承镗模可在箱体的一个壁上镗孔，此类镗模便于装卸工件和刀具，也便于观察和测量。

三、镗套

镗套的结构型式和精度直接影响被加工孔的精度。常用的镗套有以下两类。

1. 固定式镗套

图 6-3 所示为标准的固定式镗套（GB/T2266—91），与快换钻套结构相似，加工时镗套不随镗杆转动。A 型不带油杯和油槽，靠镗杆上开的油槽润滑；B 型则带油杯和油槽，使镗杆和镗套之间能充分地润滑。具体结构尺寸见"夹具手册"。

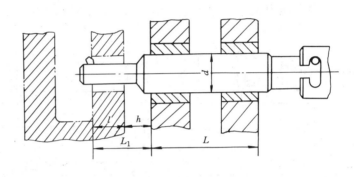

图 6-2　后双支承镗孔

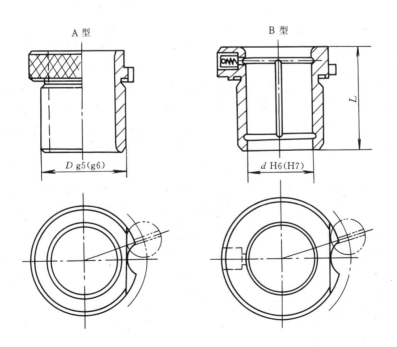

图 6-3　固定式镗套

固定式镗套外形尺寸小、结构简单、精度高，但镗杆在镗套内一面回转，一面作轴向移动，镗套容易磨损，故只适用于低速镗孔。一般摩擦面线速度 $v < 0.3m/s$。

固定式镗套的导向长度 $L = (1.5 \sim 2) d$。

2. 回转式镗套

回转式镗套随镗杆一起转动，镗杆与镗套之间只有相对移动而无相对转动，从而减少了镗套的磨损，不会因摩擦发热出现"卡死"现象。因此，这类镗套适用于高速镗孔。

回转式镗套又分为滑动式和滚动式两种。

图 6-4a 为滑动式回转镗套，镗套 1 可在滑动轴承 2 内回转，镗模支架 3 上设置油杯，经油孔将润滑油送到回转副，使其充分润滑。镗套中间开有键槽，镗杆上的键通过键槽带动镗套回转。这种镗套的径向尺寸较小，适用于孔心距较小的孔系加工，且回转精度高，减振性好，承载能力大，但需要充分润滑。摩擦面线速度不能大于 $0.3 \sim 0.4m/s$，常用于精加工。

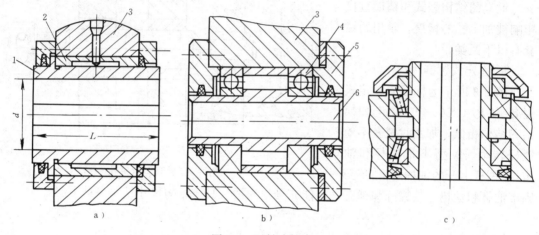

图 6-4 回转式镗套

a）滑动式回转镗套 b）滚动式回转镗套 c）立式滚动回转镗套

1、6—镗套 2—滑动轴承 3—镗模支架 4—滚动轴承 5—轴承端盖

图 6-4b 为滚动式回转镗套，镗套 6 支承在两个滚动轴承 4 上，轴承安装在镗模支架 3 的轴承孔中，支承孔两端分别用轴承端盖 5 封住。这种镗套由于采用了标准的滚动轴承，所以设计、制造和维修方便，而且对润滑要求较低，镗杆转速可大大提高，一般摩擦面线速度 $v > 0.4m/s$。但径向尺寸较大，回转精度受轴承精度的影响。可采用滚针轴承以减小径向尺寸，采用高精度轴承以提高回转精度。

图 6-4c 为立式镗孔用的回转镗套，它的工作条件差。为避免切屑和切削液落入镗套，需设置防护罩。为承受轴向推力，一般采用圆锥滚子轴承。

滚动式回转镗套一般用于镗削孔距较大的孔系，当被加工孔径大于镗套孔径时，需在镗套上开引刀槽，使装好刀的镗杆能顺利进入。为确保镗刀进入引刀槽，镗套上有时设置尖头键，如图 6-5 所示。

回转式镗套的导向长度 $L = (1.5 \sim 3) d$，其结构设计可参阅"夹具手册"。

镗套的材料、热处理可参阅附表 2。

四、镗杆

图 6-6 为用于固定式镗套的镗杆导向部分结构。当镗杆导向部分直径 $d < 50mm$ 时，常采

用整体式结构。图 6-6a 为开油槽的镗杆，镗杆与镗套的接触面积大，磨损大，若切屑从油槽内进入镗套，则易出现"卡死"现象。但镗杆的刚度和强度较好。

图 6-6b、c 为有较深直槽和螺旋槽的镗杆，这种结构可大大减少镗杆与镗套的接触面积，沟槽内有一定的存屑能力，可减少"卡死"现象，但其刚度较低。

当镗杆导向部分直径 $d>$ 50mm 时，常采用如图 6-6d 所示的镶条式结构。镶条应采用摩擦因数小和耐磨的材料，如铜或钢。镶条磨损后，可在底部加垫片，重新修磨使用。这种结构的摩擦面积小，容屑量大，不易"卡死"。

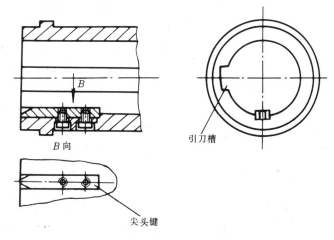

图 6-5　回转镗套的引刀槽及尖头键

图 6-7 为用于回转镗套的镗杆引进结构。图 6-7a 在镗杆前端设置平键，键下装有压缩弹簧，键的前部有斜面，适用于开有键槽的镗套。无论镗杆以何位置进入镗套，平键均能自动进入键槽，带动镗套回转。图 6-7b 所示的镗杆上开有键槽，其头部做成小于 45°的螺旋引导结构，可与图 6-5 所示装有尖头键的镗套配合使用。

图 6-6　用于固定镗套的镗杆导向部分的结构

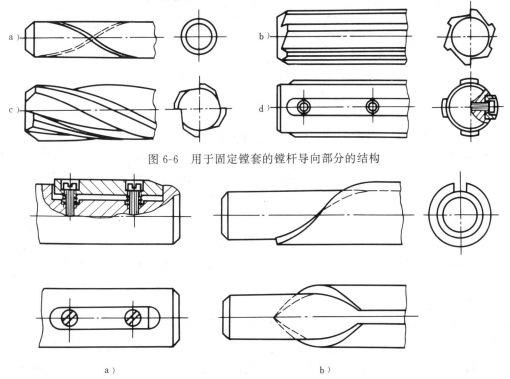

a）

b）

图 6-7　用于回转镗套的镗杆引进结构

镗杆与加工孔之间应有足够的间隙，以容纳切屑。镗杆的直径一般按经验公式 $d=$（0.7～0.8）D 选取，也可查表 6-1。

表 6-1　镗孔直径 D、镗杆直径 d 与镗刀截面 $B×B$ 的尺寸关系　　（mm）

D	30～40	40～50	50～70	70～90	90～100
d	20～30	30～40	40～50	50～65	65～90
$B×B$	8×8	10×10	12×12	16×16	16×16　20×20

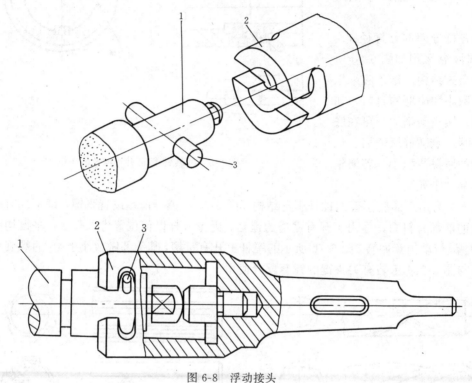

图 6-8　浮动接头
1—镗杆　2—接头体　3—拨动销

镗杆的精度一般比加工孔的精度高两级。镗杆的直径公差，粗镗时选 g6，精镗时选 g5；表面粗糙度选 $Ra0.4$～$0.2\mu m$；圆柱度选直径公差的一半，直线度要求为 500mm：0.01mm。

镗杆的材料常选 45 钢或 40Cr 钢，淬火硬度为 40～45HRC；也可用 20 钢或 20Cr 钢渗碳淬火，渗碳层厚度 0.8～1.2mm，淬火硬度 61～63HRC。

五、浮动接头

双支承镗模的镗杆均采用浮动接头与机床主轴连接。如图 6-8 所示，镗杆 1 上拨动销 3 插入接头体 2 的槽中，镗杆与接头体之间留有浮动间隙，接头体的锥柄安装在主轴锥孔中。主轴的回转可通过接头体、拨动销传给镗杆。

六、镗模支架和底座

镗模支架用于安装镗套，其典型结构和尺寸列于表 6-2 中。

镗模支架应有足够的强度和刚度，在结构上应考虑有较大的安装基面和设置必要的加强肋，而且不能在镗模支架上安装夹紧机构，以免夹紧反力使镗模支架变形，影响镗孔精度。图 6-9a 所示的设计是错误的，应采用图 6-9b 所示结构，夹紧反力由镗模底座承受。

表 6-2　镗模支架典型结构及尺寸　　　　　　　　　　　（mm）

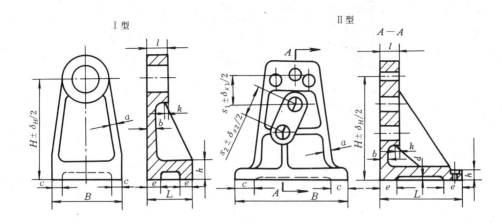

型式	B	L	H	s_1, s_2	l	a	b	c	d	e	h	k
I	$\left(\dfrac{1}{2}\sim\dfrac{3}{5}\right)H$	$\left(\dfrac{1}{3}\sim\dfrac{1}{2}\right)H$	按工件相应尺寸取		10~20	15~25	30~40	3~5	20~30	20~30	3~5
II	$\left(\dfrac{2}{3}\sim 1\right)H$	$\left(\dfrac{1}{3}\sim\dfrac{2}{3}\right)H$										

注：本表材料为铸铁；对铸钢件，其厚度可减薄。

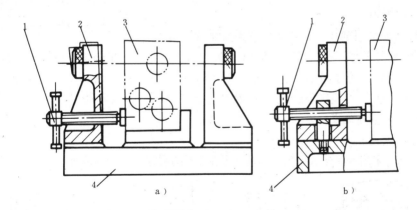

图 6-9　不允许镗模支架承受夹紧反力
1—夹紧螺钉　2—镗模支架　3—工件　4—镗模底座

　　镗模底座上要安装各种装置和工件，并承受切削力、夹紧力，因此要有足够的强度和刚度，并有较好的精度稳定性。其典型结构和尺寸列于表 6-3。

　　镗模底座上应设置加强肋，常采用十字形肋条。镗模底座上安放定位元件和镗模支架等的平面应铸出高度约为 3~5mm 的凸台，凸台需要刮研，使其对底面（安装基准面）有较高的垂直度或平行度。镗模底座上还应设置定位键或找正基面，以保证镗模在机床上安装时的正确位置。找正基面与镗套中心线的平行度应在 300mm：0.01mm 之内。底座上应设置多个耳座，用以将镗模紧固在机床上。大型镗模的底座上还应设置手柄或吊环，以便搬运。

表 6-3　镗模底座典型结构和尺寸　　　　　　　　　　　　（mm）

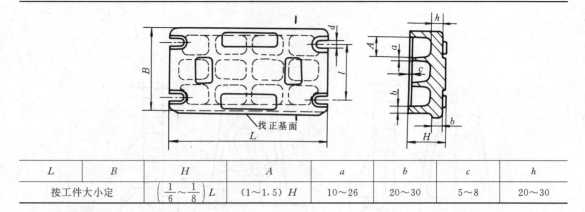

找正基面

L	B	H	A	a	b	c	h
按工件大小定		$\left(\frac{1}{6} \sim \frac{1}{8}\right) L$	$(1 \sim 1.5) H$	$10 \sim 26$	$20 \sim 30$	$5 \sim 8$	$20 \sim 30$

镗模支架和底座的材料常用铸铁（一般为 HT200），毛坯应进行时效处理。

第二节　其它镗床夹具

一、单支承镗模

这类镗模只有一个导向支承，镗杆与主轴采用固定连接。安装镗模时，应使镗套轴线与机床主轴轴线重合。主轴的回转精度将影响镗孔精度。根据支承相对刀具的位置，单支承镗模又可分为以下两种。

1. 前单支承镗模

图 6-10 所示为采用前单支承镗孔，镗模支承设置在刀具的前方，主要用于加工孔径 $D>60$mm、加工长度 L

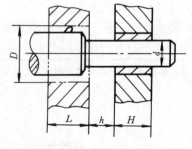

图 6-10　前单支承镗孔

$<D$ 的通孔。一般镗杆的导向部分直径 $d<D$。因导向部分直径不受加工孔径大小的影响，故在多工步加工时，可不更换镗套。这种布置也便于在加工中观察和测量。但在立镗时，切屑会落入镗套，应设置防屑罩。

2. 后单支承镗模

图 6-11 所示为采用后单支承镗孔，镗套设置在刀具的后方。用于立镗时，切屑不会影响镗套。

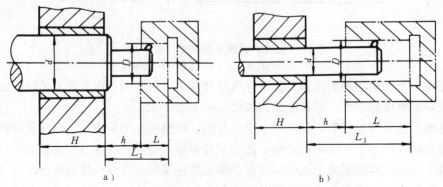

a）　　　　　　　　　　　　　　　b）

图 6-11　后单支承镗孔

a）$l<D$　b）$l \geqslant D$

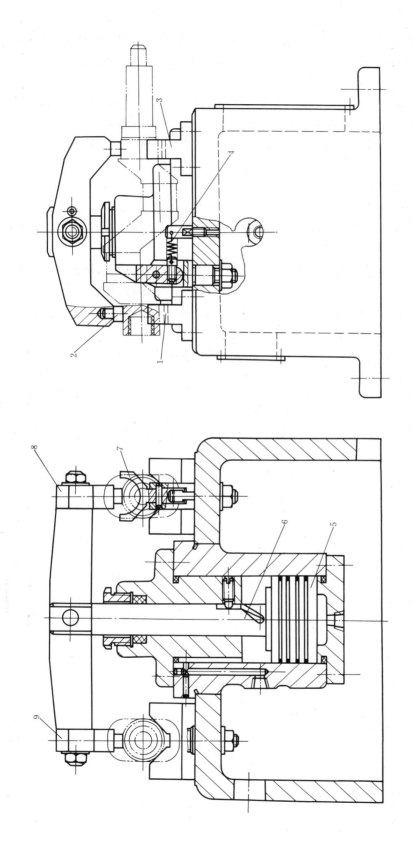

图 6-12 镗削曲轴轴承孔金刚镗床夹具

1、3—V 形块　2—浮动压块　4—弹簧　5—活塞　6—活塞杆　7—转动叉形块　8、9—浮动压板

当镗削 $D<60\text{mm}$、$L<D$ 的通孔或盲孔时，如图 6-11a 所示，可使镗杆导向部分的尺寸 $d>D$。这种形式的镗杆刚度好，加工精度高，装卸工件和更换刀具方便，多工步加工时可不更换镗杆。

当加工孔长度 $L=（1\sim1.25）D$ 时，如图 6-11b 所示，应使镗杆导向部分直径 $d<D$，以便镗杆导向部分可进入加工孔，从而缩短镗套与工件之间的距离 h 及镗杆的悬伸长度 L_1。

为便于刀具及工件的装卸和测量，单支承镗模的镗套与工件之间的距离 h 一般在 $20\sim80\text{mm}$ 之间，常取 $h=（0.5\sim1.0）D$。

二、无支承镗床夹具

工件在刚性好、精度高的金刚镗床、坐标镗床或数控机床、加工中心上镗孔时，夹具上不设置镗模支承，加工孔的尺寸和位置精度均由镗床保证。这类夹具只需设计定位装置、夹紧装置和夹具体即可。

图 6-12 为镗削曲轴轴承孔的金刚镗床夹具。在卧式双头金刚镗床上，同时加工两个工件。工件以两主轴颈及其一端面在两个 V 形块 1、3 上定位。安装工件时，将前一个曲轴颈放在转动叉形块 7 上，在弹簧 4 的作用下，转动叉形块 7 使工件的定位端面紧靠在 V 形块 1 的侧面上。当液压缸活塞 5 向下运动时，带动活塞杆 6 和浮动压板 8、9 向下运动，使四个浮动压块 2 分别从两个工件的主轴颈上方压紧工件。当活塞上升松开工件时，活塞杆带动浮动压板 8 转动 90°，以便装卸工件。

思考题与习题

6-1 镗床夹具可分为几类？各有何特点？其应用场合是什么？

6-2 镗套有几种？怎样选用？

6-3 怎样避免镗杆与镗套之间出现"卡死"现象？

6-4 在设计镗模支架时，应注意什么问题？

第七章　其它机床夹具

第一节　现代机械制造业对机床夹具的要求

随着科学技术的迅猛发展、市场需求的变化多端及商品竞争的日益激烈，机械产品更新换代的周期愈来愈短，小批量生产的比例愈来愈高；同时，对机械产品质量和精度的要求愈来愈高；数控机床和柔性制造系统的应用愈来愈广泛；机床夹具的计算机辅助设计（CAD）也日趋成熟。在这一形势下，对机床夹具提出了一系列新的要求。

一、推行机床夹具的标准化、系列化和通用化

提高机床夹具的"三化"程度，可以变机床夹具零部件的单件生产为专业化批量生产，可以提高机床夹具的质量和精度，大大缩短产品的生产周期和降低成本，使之适应现代制造业的需要，也有利于实现机床夹具的计算机辅助设计。

二、发展可调夹具

在多品种小批量生产中，可调夹具（通用可调和成组夹具）具有明显的优势。它们可用于同一类型多种工件的加工，具有良好的通用性，可缩短生产周期，大大减少专用夹具数量，降低生产成本。在现代生产中，这类夹具已逐步得到广泛的应用。

三、提高机床夹具的精度

随着对机械产品精度要求的提高以及高精度机床和数控机床的使用，促进了高精度机床夹具的发展。如车床上精密卡盘的圆跳动在 $\phi0.005\sim\phi0.01$mm 范围内；采用高精度的球头顶尖加工轴，圆跳动可小于 $\phi1\mu$m；高精度端齿分度盘的分度精度可达 $\pm0.1''$；孔系组合夹具基础板上孔距公差可达几个微米等。

四、提高机床夹具高效化和自动化水平

为实现机械加工过程的自动化，在生产流水线、自动线上需配置随行夹具；在数控机床、加工中心等柔性制造系统中也需配置高效自动化夹具，这类夹具常装有自动上、下料机构及独立的自动夹紧单元，大大提高了工件装夹效率。

第二节　可　调　夹　具

可调夹具分为通用可调夹具和成组夹具（也称专用可调夹具）两类。它们的共同特点是：只要更换或调整个别定位、夹紧或导向元件，即可用于多种零件的加工，从而使多种零件的单件小批生产变为一组零件在同一夹具上的"成批生产"。产品更新换代后，只要属于同一类型的零件，就可在此夹具上加工。由于可调夹具具有较强的适应性和良好的继承性，所以使用可调夹具可大量减少专用夹具的数量，缩短生产准备周期，降低成本。

一、通用可调夹具

通用可调夹具的加工对象较广，有时加工对象不确定。如滑柱式钻模，只要更换不同的

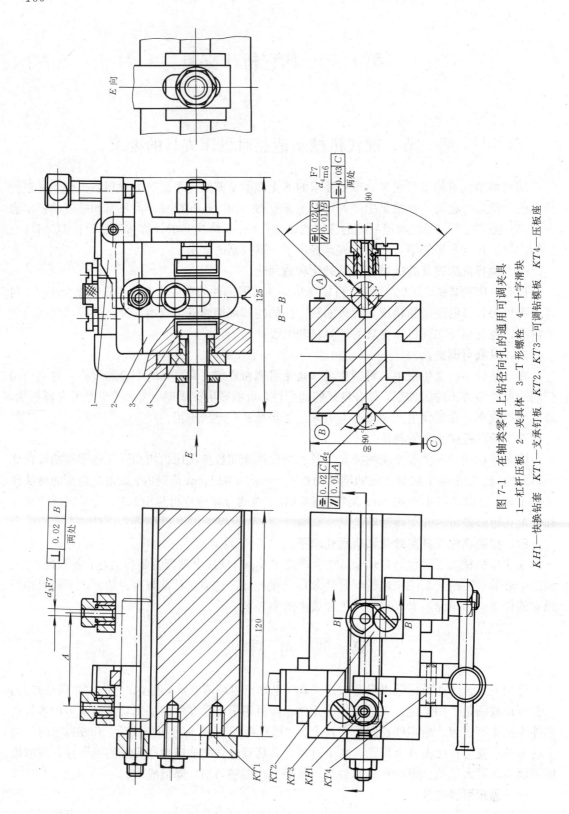

图 7-1 在轴类零件上钻径向孔的通用可调夹具

1—杠杆压板 2—夹具体 3—丁形螺栓 4—十字滑块

KT1—支承钉板 KT2、KT3—可调钻模板 KT4—压板座

KH1—快换钻套

定位、夹紧、导向元件，便可用于不同类型工件的钻孔；又如可更换钳口的台虎钳、可更换卡爪的卡盘等，均适用于不同类型工件的加工。

图 7-1 为在轴类零件上钻径向孔的通用可调夹具。该夹具可加工一定尺寸范围内的各种轴类工件上的 1～2 个径向孔，加工零件如图 7-2 所示。图 7-1 中夹具体 2 的上、下两面均设有 V 形槽，适用于不同直径工件的定位。支承钉板 $KT1$ 上的可调支承钉用作工件的端面定位。夹具体的两个侧面都开有 T 形槽，通过 T 形螺栓 3、十字滑块 4，使可调钻模板 $KT2$、$KT3$ 及压板座 $KT4$ 作上、下、左、右调节。压板座上安装杠杆压板 1，用以夹紧工件。

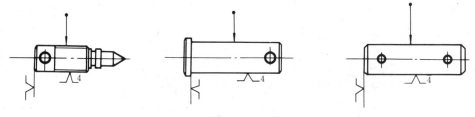

图 7-2　钻径向孔的轴类零件简图

二、成组夹具

成组夹具是成组工艺中为一组零件的某一工序而专门设计的夹具。

成组夹具加工的零件组都应符合成组工艺的三相似原则，即工艺相似（加工工序及定位基准相似）；工艺特征相似（加工表面与定位基准的位置关系相似）；尺寸相似（组内零件均在同一尺寸范围内）。图 7-3 所示为加工拨叉叉部圆弧面及其一端面的成组工艺零件组，它符合成组工艺三相似原则。图 7-4 为加工拨叉叉部圆弧面及其一端面的成组车床夹具，两件同时加工。夹具体 1 上有四对定位套 2（定位孔为 $\phi16H7$），可用来安装四种可换定位轴 $KH1$，用来加工四种中心距 L 不同的零件。若将可换定位轴安装在 C-C 剖面的 T 形槽内，则可加工中心距 L 在一定范围内变化的各种零件。可换垫套 $KH2$ 及可换压板 $KH3$ 按零件叉部的高度 H 选用更换，并固定在与两定位轴连线垂直的 T 形槽内，作防转定位及辅助夹紧用。

成组夹具的设计方法与专用夹具相似，首先确定一个"合成零件"，该零件能代表组内零件的主要特征，然后针对"合成零件"设计夹具，并根据组内零件加工范围，设计可调整件

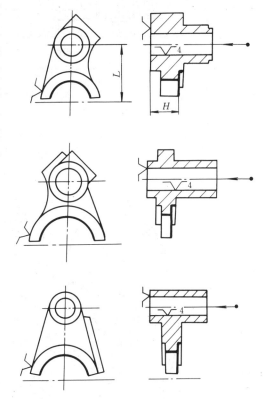

图 7-3　拨叉车圆弧及其端面零件组简图

和可更换件。应使调整方便、更换迅速、结构简单。零件组的尺寸分段应与成组夹具的"多件批量"相适应，当"多件批量"太大时，可减小尺寸分段范围。由于成组夹具能形成批量生产，因此可以采用高效夹紧装置，如各种气动和液压装置。

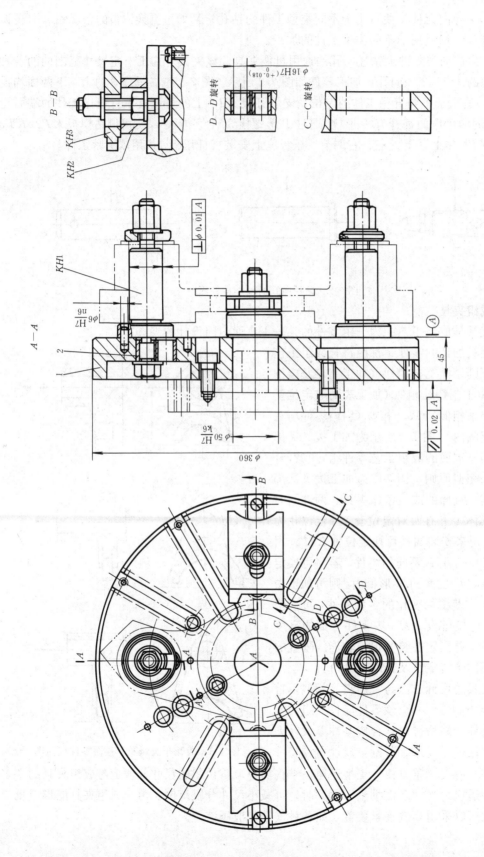

图 7-4 拨叉车圆弧及其端面组合车夹具

1—夹具体 2—定位套 KH1—可换定位轴 KH2—可换垫套 KH3—可换压板

"夹具图册"中的图 7-2 为镗壳体类零件斜孔的成组夹具,其夹紧装置采用了多个液压缸作动力源。

第三节　组　合　夹　具

组合夹具是一种标准化、系列化、通用化程度很高的工艺装备。我国从 60 年代初开始推广使用,目前已基本普及,各城市及各大工厂均有自己的组合夹具站。

一、组合夹具的特点

组合夹具由一套预先制造好的不同形状、不同规格、不同尺寸的标准元件及合件组装而成。图 7-5 为盘类零件钻径向分度孔的组合夹具立体图及其分解图。被加工零件如图 7-6 所示。

组合夹具一般是为某一工件的某一工序组装的专用夹具,也可以组装成通用可调夹具(图 7-5)或成组夹具。组合夹具适用于各类机床,但以钻模及车床夹具用得最多。

组合夹具把专用夹具的设计、制造、使用、报废的单向过程变为组装、拆散、清洗入库、再组装的循环过程。可用几小时的组装周期代替几个月的设计制造周期,从而缩短了生产周期;节省了工时和材料,降低了生产成本;还可减少夹具库房面积,有利管理。

组合夹具的元件精度高、耐磨,并且实现了完全互换,元件精度一般为 IT6~IT7 级。用组合夹具加工的工件,位置精度一般可达 IT8~IT9 级,若精心调整,可以达到 IT7 级。

由于组合夹具有很多优点,又特别适用于新产品试制和多品种小批量生产,所以近年来发展迅速,应用较广。

组合夹具的主要缺点是体积较大,刚度较差,一次投资多,成本高,这使组合夹具的推广应用受到一定限制。

组合夹具有槽系和孔系两种。

二、槽系组合夹具

1. 槽系组合夹具的规格

我国采用槽系组合夹具。槽系组合夹具分大、中、小型三种规格,其主要参数如表 7-1 所示。

表 7-1　槽系组合夹具的主要结构要素及性能

规格	槽宽/mm	槽距/mm	连接螺栓/ (mm×mm)	键用螺钉/ mm	支承件截 面积/mm²	最大载荷/ N	工件最大尺寸/ (mm×mm×mm)
大型	$16^{+0.08}_{0}$	75±0.01	M16×1.5	M5	$75×75$ $90×90$	200000	2500×2500×1000
中型	$12^{+0.08}_{0}$	60±0.01	M12×1.5	M5	60×60	100000	1500×1000×500
小型	$8^{+0.015}_{0}$ $6^{+0.015}_{0}$	30±0.01	M8 M6	M3 M3、M2.5	$30×30$ $22.5×22.5$	50000	500×250×250

2. 组合夹具的元件

组合夹具的元件,按使用性能分为八大类。其主要元件如表 7-2 所列。

(1)基础件　它常作为组合夹具的夹具体。如图 7-5 中的基础件 1 为长方形基础板做的夹具体。

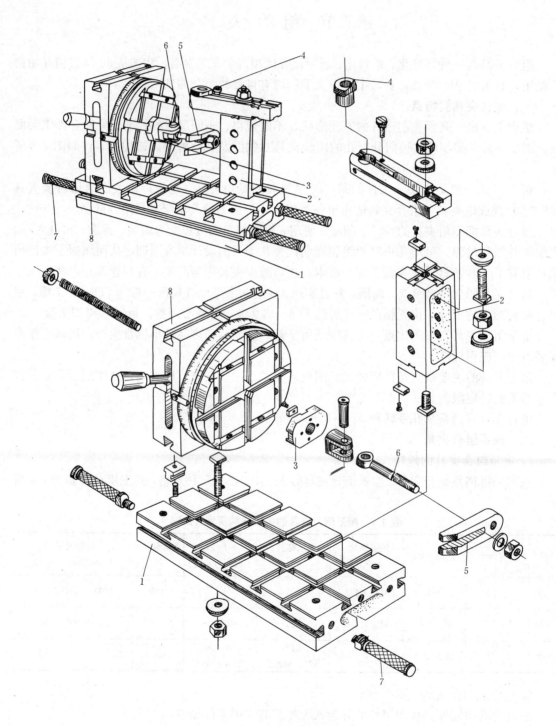

图 7-5 盘类零件钻径向分度孔组合夹具

1—基础件 2—支承件 3—定位件 4—导向件 5—夹紧件 6—紧固件 7—其它件 8—合件

表 7-2 组合夹具元件（JB3930.1～3930.34—85）

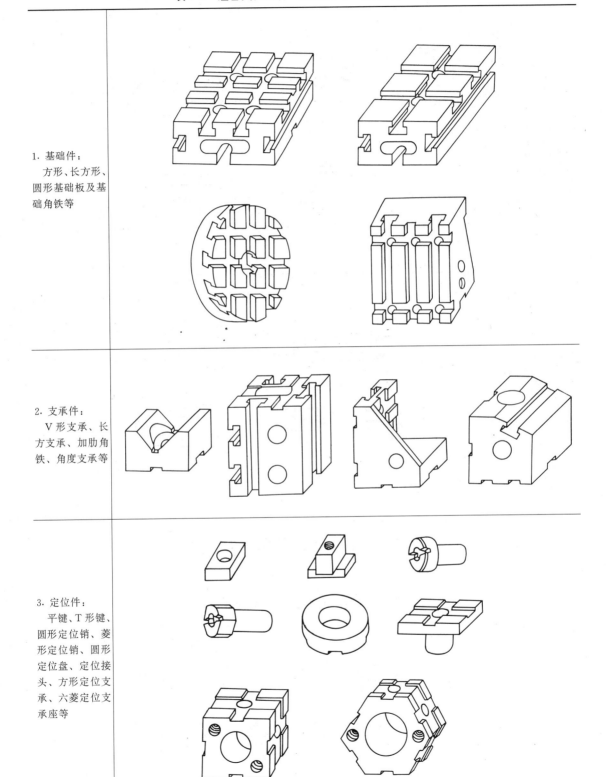

1. 基础件：
　方形、长方形、圆形基础板及基础角铁等

2. 支承件：
　V形支承、长方支承、加肋角铁、角度支承等

3. 定位件：
　平键、T形键、圆形定位销、菱形定位销、圆形定位盘、定位接头、方形定位支承、六菱定位支承座等

（续）

4.导向件： 　固定钻套、快换钻套、钻模板、立式钻模板、左偏心钻模板等	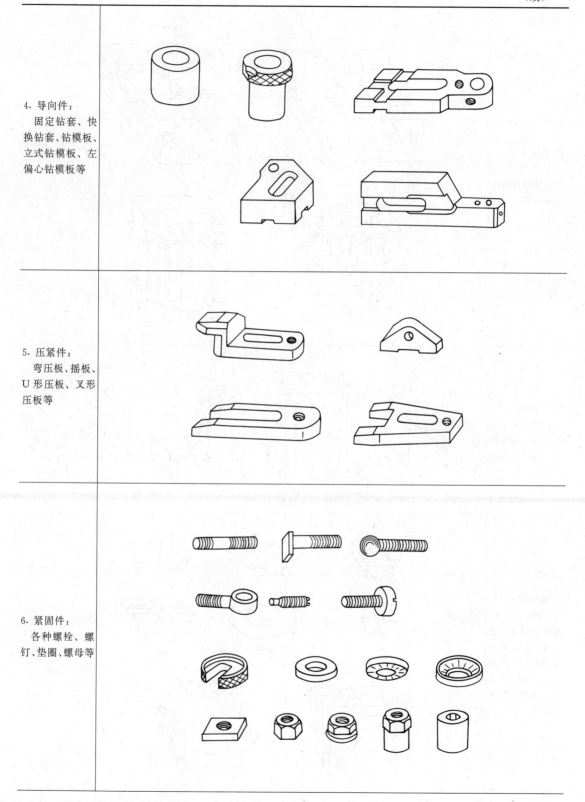
5.压紧件： 　弯压板、摇板、U形压板、叉形压板等	
6.紧固件： 　各种螺栓、螺钉、垫圈、螺母等	

（续）

7. 其它件： 　三爪支承、支承环、手柄、连接板、平衡块等	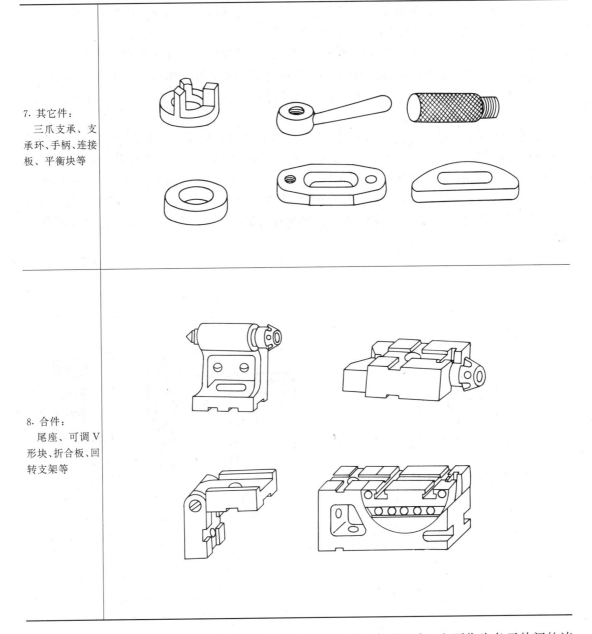
8. 合件： 　尾座、可调V形块、折合板、回转支架等	

（2）支承件　它是组合夹具中的骨架元件，数量最多、应用最广。它可作为各元件间的连接件，又可作为大型工件的定位件。图7-5中支承件2连接钻模板与基础板，保证钻模板的位置和高度。

（3）定位件　它用于工件的定位及元件之间的定位。如图7-5中的定位件3为定位盘，用作工件的定位；钻模板与支承件2之间的平键、合件8与基础板1之间的T形键，均用作元件之间的定位。

（4）导向件　它用于确定刀具与夹具的相对位置，起引导刀具的作用。图7-5上的导向件4为快换钻套。

（5）夹紧件　它用于压紧工件，也可用作垫板和挡板。图7-5上的夹紧件5为U形压板。

（6）紧固件　它用于紧固组合夹具中的各种元件及紧固被加工工件。图7-5上的紧固件6为关节螺栓，用来紧固工件，且各元件之间均用紧固件紧固。

（7）其它件　以上六类元件之外的各种辅助元件，如图7-5上的其它件7为手柄。

（8）合件　它是由若干零件组合而成，在组装过程中不拆散使用的独立部件。使用合件可以扩大组合夹具的使用范围，加快组装速度，减小夹具体积。图7-5上的合件8为端齿分度盘。

3. 组合夹具的新元件与新合件

随着组合夹具的推广应用，为满足生产中的各种要求，出现了很多新元件和合件。图7-7所示为密孔节距钻模板。本体1与可调钻模板2上均有齿距为1mm的锯齿，加工孔的中心距可在15～174mm范围内调节，并有I形、L形和T形等。图7-8所示为带液压缸的基础板。基础板内有油道连通七个液压缸4，利用分配器供油，使活塞6上、下运动，作为夹紧机构的动力源，活塞通过键5与夹紧机构连接。这种基础板结构紧凑，效率高。但需配备液压系统，价格较高。

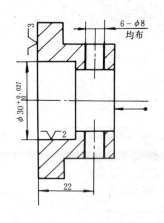

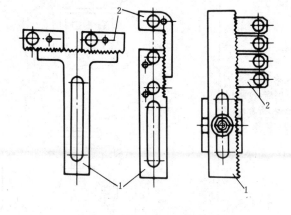

图7-6　盘类件钻径向孔工序图

图7-7　密孔节距钻模板

1—本体　2—可调钻模板

三、孔系组合夹具

德国、英国、前苏联、美国等都有各自的孔系组合夹具。图7-9为德国 BI Ü CO 公司的孔系组合夹具组装示意图。元件与元件间用两个销钉定位、一个螺钉紧固。定位孔孔径有$\phi10$、$\phi12$、$\phi16$、$\phi24$mm四个规格；相应的孔距为30、40、50、80mm；孔径公差为H7，孔距公差为±0.01mm。

孔系组合夹具的元件用一面两圆柱销定位，属可用重复定位；其定位精度高，刚性好，组装可靠，体积小，元件的工艺性好，成本低，可用作数控机床夹具。但组装时元件的位置不能随意调节，常用偏心销钉或部分开槽元件进行弥补。

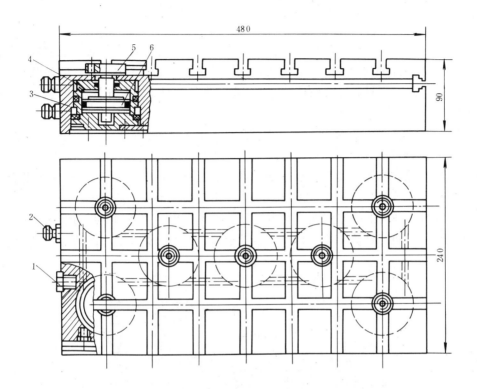

图 7-8　带液压缸的基础板

1—螺塞　2—油管接头　3—基础板　4—液压缸　5—键　6—活塞

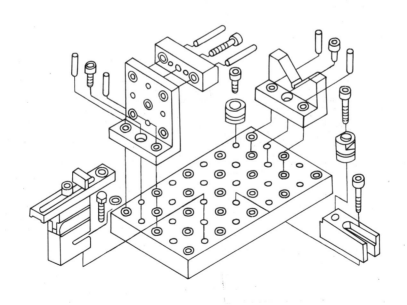

图 7-9　BIÜCO 孔系组合夹具组装示意图

第四节　数控机床夹具简介

现代自动化生产中，数控机床的应用已愈来愈广泛。数控机床夹具必须适应数控机床的高精度、高效率、多方向同时加工、数字程序控制及单件小批生产的特点。数控机床夹具主要采用可调夹具、组合夹具、拼装夹具和数控夹具（夹具本身可在程序控制下进行调整）。本节主要介绍拼装夹具。

图 7-10 为镗箱体孔的数控机床夹具，需在工件 6 上镗削 A、B、C 三孔。工件在液压基础平台 5 及三个定位销钉 3 上定位；通过基础平台内两个液压缸 8、活塞 9、拉杆 12、压板 13 将工件夹紧；夹具通过安装在基础平台底部的两个连接孔中的定位键 10 在机床 T 形槽中定位，并通过两个螺旋压板 11 固定在机床工作台上。可选基础平台上的定位孔 2 作夹具的坐标原点，与数控机床工作台上的定位孔 1 的距离分别为 X_0、Y_0。三个加工孔的坐标尺寸可用机床定位孔 1 作为零点进行计算编程，称固定零点编程；也可选夹具上方便的某一定位孔作为

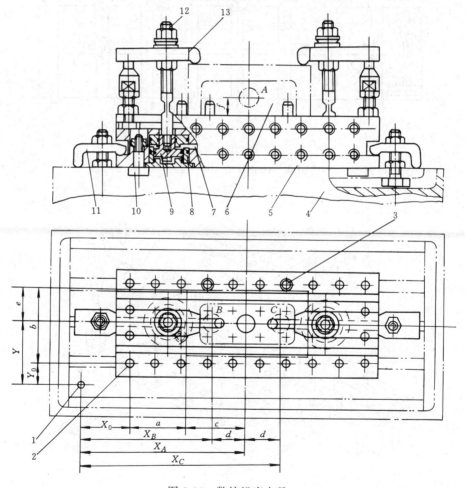

图 7-10　数控机床夹具

1、2—定位孔　3—定位销钉　4—数控机床工作台　5—液压基础平台　6—工件

7—通油孔　8—液压缸　9—活塞　10—定位键　11、13—压板　12—拉杆

零点进行计算编程，称浮动零点编程。

　　拼装夹具是在成组工艺基础上，用标准化、系列化的夹具零部件拼装而成的夹具。它有组合夹具的优点，比组合夹具有更好的精度和刚性，更小的体积和更高的效率，因而较适合柔性加工的要求，常用作数控机床夹具。

　　拼装夹具主要由以下的元件和合件组成。

1. 基础元件和合件

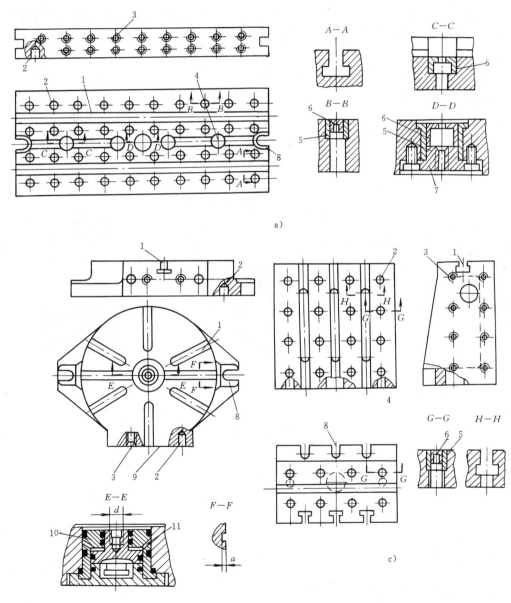

图 7-11　基础元件与合件

a）普通矩形平台　　b）液压圆形平台　　c）弯板支承

1—T形槽　2—定位销孔　3—紧固螺纹孔　4—连接孔　5—高强度耐磨衬套　6—防尘罩　7—可卸法兰盘

8—耳座　9—安装平台　10—液压缸　11—通油孔

图 7-11a 所示为普通矩形平台，只有一个方向的 T 形槽 1，使平台有较好的刚性。平台上布置了定位销孔 2，如 *B-B* 剖视图所示，可用于工件或夹具元件定位，也可作数控编程的起始孔。*D-D* 剖面为中央定位孔。基础平台侧面设置紧固螺纹孔系 3，用于拼装元件和合件。两个孔 4（*C-C* 剖面）为连接孔，用于基础平台和机床工作台的连接定位。

液压基础平台如图 7-10 中 5 所示，比普通基础平台增加了几个液压缸，用作夹紧机构的动力源，使拼装夹具具有高效能。

图 7-11b 为液压圆形平台，中央 *E-E* 剖面为液压缸 10；*F-F* 剖面为定位槽；另设多条 T 形槽 1；在侧面的安装平台 9 上设置两个定位销孔 2 及两个紧固螺纹孔 3，用于拼装元件或合件；平台底部有两个定位销孔 2，与数控机床工作台连接定位。

图 7-11c 为弯板支承，可扩大基础平台的使用范围，也可作支承用。

2. 定位元件和合件

图 7-12a 所示为平面安装可调支承钉；图 7-12b 为 T 形槽安装可调支承钉；图 7-12c 为侧面可调支承钉。

图 7-13 为定位支承板，可用作定位板或过渡板。

图 7-14 为可调 V 形块，以一面两销在基础平台上定位、紧固，两个 V 形块 4、5 可通过左、右螺纹螺杆 3 调节，以实现不同直径工件 6 的定位。

3. 夹紧元件和合件

图 7-15 为手动可调夹紧压板，均可用 T 形螺栓在基础平台的 T 形槽内连接。

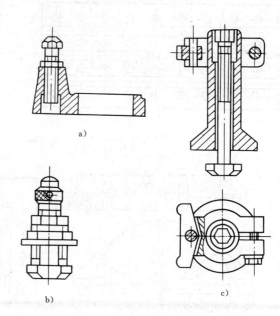

a)

b)

c)

图 7-12 可调定位支承

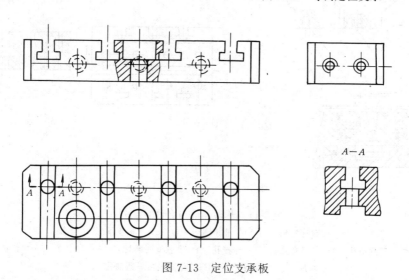

图 7-13 定位支承板

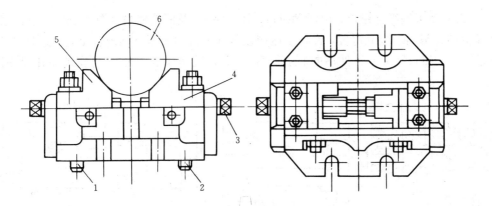

图 7-14　可调 V 形块合件

1—圆柱销　2—菱形销　3—左、右螺纹螺杆　4、5—左、右活动 V 形块　6—工件

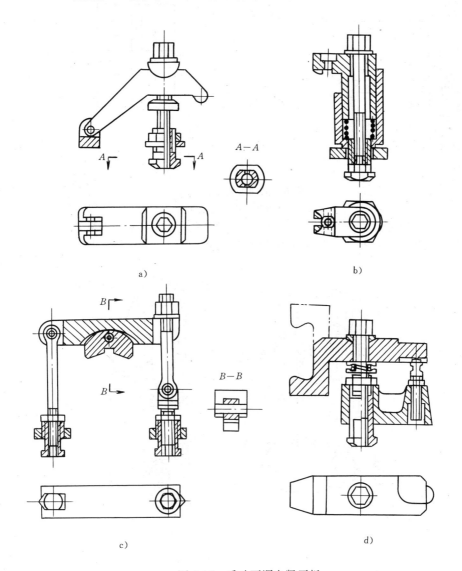

a)

b)

c)

d)

图 7-15　手动可调夹紧压板

　　图 7-16 为机动可调组合钳口，由活动钳口（图 7-16a）及固定钳口（图 7-16b）组成，两者都以一面两销在基础平台上定位，推杆 1 连接在基础平台的液压缸活塞杆上，通过杠杆 5、调整块 4 带动活动钳口 3 夹紧工件，钳口的前表面设置定位槽和定位销 2，可安装夹紧元件和合件。

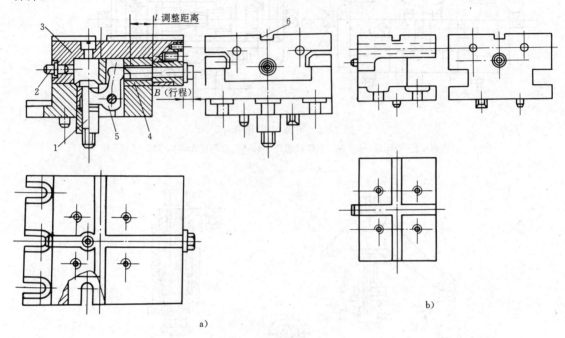

图 7-16　机动可调组合钳口
a) 活动钳口　b) 固定钳口

1—推杆　2—定位销　3—活动钳口　4—调整块　5—杠杆　6—定位槽

　　图 7-17 为液压组合压板，夹紧装置中带有液压缸。

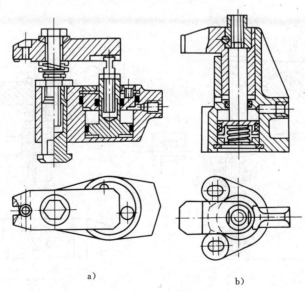

图 7-17　液压组合压板
a) 杠杆式液压组合压板　b) 滑柱式液压组合压板

4. 回转过渡花盘

用于车、磨夹具的回转过渡花盘如图 7-18 所示。

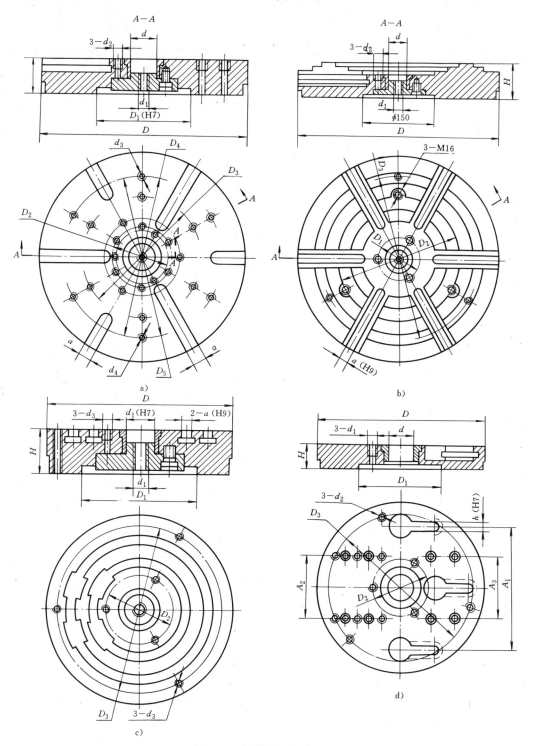

图 7-18　回转过渡花盘

a) 带径向 T 形槽花盘　b) 带内外定位止口花盘　c) 带同心 T 形槽花盘　d) 可拼装弯板花盘

第五节 自动夹具及随行夹具简介

一、自动夹具

自动夹具是指在自动机床上使用的带有自动上、下料机构的专用夹具或可调夹具。在普通机床上装上自动夹具，即可实现自动加工。

自动夹具的基本组成如下：

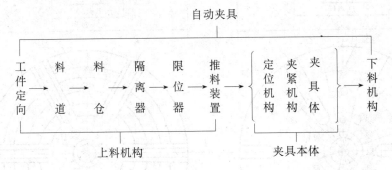

工件需人工定向的称为半自动夹具。半自动夹具的上料机构较简单，因而用得较多。

图 7-19 为钢套钻孔半自动夹具。工件由人工定向后靠自重滚入料道 4。工件 2 在限位器 9 及已加工工件 1 的限制下进入预定位位置。此时钻床主轴 7 带动悬挂式钻模板 5 及压杆 8 下移，钻模板 5 下方的 V 形块使工件定位并夹紧，5 的右侧斜面阻止了工件 3 下滑，左侧斜面则推动已加工工件 1 进入下料滚道下料。主轴继续下降，完成对工件 2 的钻孔，然后主轴上升，带动悬挂式钻模板 5 及限位器 9 上升，工件 2 滚到工件 1 的位置，工件 3 滚到预定位位置。

这种夹具结构紧凑、简单，使用方便。设计中应用了多功能元件，如料道与料仓合一，隔离器、下料机构和定位夹紧元件合一，并且节

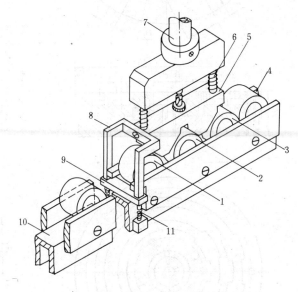

图 7-19 钢套钻孔半自动夹具

1、2、3—工件 4—料道 5—悬挂式钻模板 6、11—弹簧
7—主轴 8—压杆 9—限位器 10—下料滚道

约动力，限位、隔离、定位、夹紧、下料的动力均来自主轴的上、下运动；而上料和下料又利用工件自重在斜滚道中实现，从而使夹具结构简化。

设计自动夹具时应考虑排屑方便，尤其要考虑能自动清除工件定位处的切屑，以免影响定位精度；要清除料道中切屑，以免影响工件的运动。切屑可用压缩空气吹除，或用切削液

冲除。

二、随行夹具

随行夹具是自动线上使用的一种移动式夹具。工件在随行夹具上一次装夹后，随着随行夹具通过自动线上的输送机构被运送到自动线的各台机床上。随行夹具以规整统一的安装基面在各台机床的机床夹具上定位、夹紧，并进行工件各工序的加工，直到工件加工完毕，随行夹具回到工件装卸工位，进行工件的装卸。

工件在随行夹具上的安装与一般夹具相同。为减小随行夹具的体积和质量，夹具上常采用自锁夹紧机构，而在装卸工位上设置自动扳手，以提高工件装卸效率。

随行夹具在自动线机床的机床夹具上的安装如图7-20所示，随行夹具1由自动线上带棘爪的步伐式输送带2送到机床夹具5上，随行夹具以一面两孔在机床夹具的四个限位支承4及两个伸缩式定位销8上定位。这种定位方式使夹具五面敞开，可在多个方向上对工件进行加工。液压缸7的活塞杆推动浮动杠杆6带动四个钩形压板9将随行夹具紧固在机床夹具5上。

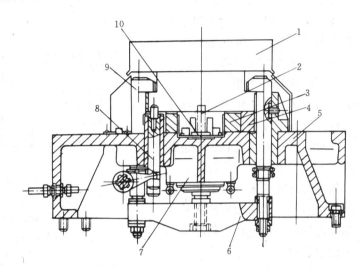

图 7-20 随行夹具在自动线机床夹具上的安装
1—随行夹具 2—带棘爪的步伐式输送带 3—输送支承 4—限位支承
5—机床夹具 6—浮动杠杆 7—液压缸 8—伸缩式定位销
9—钩形压板 10—支承滚

随行夹具底板的底平面如图7-21所示，1为四个定位支承板，2为四个略凸出于定位支承板的输送支承板。当随行夹具被输送到机床夹具上时，四个定位支承板1便在机床夹具的限

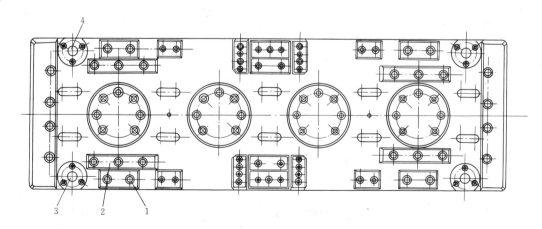

图 7-21 随行夹具底板的底平面
1—定位支承板 2—输送支承板 3—粗加工定位销孔 4—精加工定位销孔

位支承 4（图 7-20）上定位，实现了定位基面与输送基面分开的原则。随行夹具上有四个定位销孔，在粗加工机床上加工时，用两个粗加工定位销孔 3 定位；在精加工机床上加工时，换用两个精加工定位销孔 4 定位，实现了粗、精定位销孔分开的原则，保证了加工精度。上述随行夹具为带滑动基面的随行夹具，因滑动摩擦阻力较大，这种形式一般用于中、小型随行夹具。

对于大型随行夹具，可采用带滚动输送基面的结构，如图 7-22 所示。随行夹具的底面设置了四个纵向输送滚子 5 和四个横向输送滚子 4，组成纵向和横向输送基面。输送基面比四个定位支承板 2 凸出 1～3mm，在机床夹具上定位时，滚子落入机床夹具相应的槽中，使四个定位支承板 2 与机床夹具上相应的限位支承板接触，以便定位。

随行夹具或机床夹具上还应设置预定位装置，以保证机床夹具上的两个定位销顺利地插入随行夹具的定位销孔中。

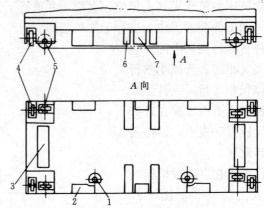

图 7-22　带滚动输送基面的随行夹具
1—定位销孔　2—定位支承板　3—纵向输送牵引块
4—横向输送滚子　5—纵向输送滚子
6—横向输送导向块　7—横向输送牵引块

思考题与习题

7-1　现代制造业对机床夹具有何要求？

7-2　可调夹具有何特点？何谓通用可调夹具？何谓成组夹具？

7-3　组合夹具有何特点？由哪些元件组成？

7-4　什么叫拼装夹具？有何特点？

7-5　自动夹具有哪些部分组成？

7-6　随行夹具有何特点？

附　　录

一、机械加工工艺定位与夹紧符号

附表1　定位夹紧符号

分　类	标注位置	独　　立		联　　动	
		标注在视图轮廓线上	标注在视图正面上	标注在视图轮廓线上	标注在视图正面上
主要定位点	固定式				
	活动式				
辅助定位点					
机械夹紧					
液压夹紧					
气动夹紧					
电磁夹紧					

二、常用夹具元件的材料及热处理

附表 2　常用夹具元件的材料及热处理

名　称		推荐材料	热处理要求	国家标准 《机床夹具零件及部件》代号
定位元件	支承钉	$D \leqslant 12mm$，T8 $D > 12mm$，45 钢	55～60HRC 40～45HRC	GB/T2226—91～GB/T2228—91
	支承板	T8	55～60HRC	GB/T2236—91
	可调支承螺钉	45 钢	$L > 50mm$，头部 40～45HRC $L \leqslant 50mm$，全部 40～45HRC	GB/T2229—91～GB/T2230—91
	定位销	$D \leqslant 18mm$，T8 $D > 18mm$，20 钢	55～60HRC 渗碳深 0.8～1.2，55～60HRC	GB/T2202—91～GB/T2204—91
	定位心轴	$D \leqslant 35mm$，T8 $D > 35mm$，45 钢	55～60HRC，柄部 40～45HRC 40～45HRC	GB/T12874—91
	V 形块	20 钢	渗碳深 0.8～1.2mm 58～64HRC	GB/T2208—91～GB/T2211—91
夹紧元件	斜楔	20 钢 45 钢	渗碳深 0.8～1.2mm，58～64HRC 40～45HRC	
	压紧螺钉	45 钢	30～35HRC	GB/T2160—91～GB/T2163—91
	螺母	45 钢	35～40HRC	GB/T2148—91～GB/T2159—91
	摆动压块	45 钢	35～40HRC	GB/T2171—91～GB/T2174—91
	压板	45 钢	35～40HRC	GB/T2175—91～GB/T2190—91
	钩形压板	45 钢	35～40HRC	GB/T2196—91～GB/T2200—91
	圆偏心轮	20 钢	渗碳深 0.8～1.2mm，58～64HRC	GB/T2191—91～GB/T2194—91
其它专用元件	对刀块	20 钢	渗碳深 0.8～1.2mm，58～64HRC	GB/T2240—91～GB/T2243—91
	塞尺	T8	55～60HRC	GB/T2244—91 GB/T2245—91
	定位键	45 钢	40～45HRC	GB/T2206—91～GB/T2207—91
	钻套	内径 $\leqslant 26mm$，T10A 内径 $> 26mm$，20 钢	58～64HRC 渗碳深 0.8～1.2mm 58～64HRC	GB/T2262—91 GB/T2264—91 GB/T2265—91
	衬套	内径 $\leqslant 26mm$，T10A 内径 $> 26mm$，20 钢	58～64HRC 渗碳深 0.8～1.2mm，58～64HRC	GB/T2263—91
	固定式镗套	20 钢 HT200	渗碳深 0.8～1.2mm，55～60HRC 时效处理	GB/T2266—91
夹　具　体		HT150 或 HT200 Q195、Q215、Q235	时效处理 退火处理	

三、钻套及衬套尺寸

1. 固定钻套

附表 3　固定钻套（GB/T2262—91）　　　　　　　　　　（mm）

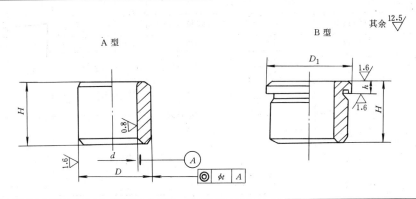

A 型　　　　　　　　　　　　　　　　B 型　　　　　　　　其余 $\overset{12.5}{\triangledown}$

d		D		D_1	H			t
基本尺寸	极限偏差 F7	基本尺寸	极限偏差 n6					
>0～1	+0.016 +0.006	3	+0.010 +0.004	6	6	9	—	
>1～1.8		4	+0.016 +0.008	7				
>1.8～2.6		5		8				
>2.6～3	+0.022 +0.010	6		9	8	12	16	0.008
>3～3.3								
>3.3～4		7	+0.019 +0.010	10				
>4～5		8		11				
>5～6		10		13	10	16	20	
>6～8	+0.028 +0.013	12	+0.023 +0.012	15				
>8～10		15		18	12	20	25	
>10～12	+0.034 +0.016	18		22				
>12～15		22	+0.028 +0.015	26	16	28	36	
>15～18		26		30				
>18～22	+0.041 +0.020	30	+0.033 +0.017	34	20	36	45	0.012
>22～26		35		39				

2. 钻套用衬套

附表 4　钻套用衬套（GB/T2263—91）　　　　　　　　（mm）

其余 $\overset{6.3}{\triangledown}$

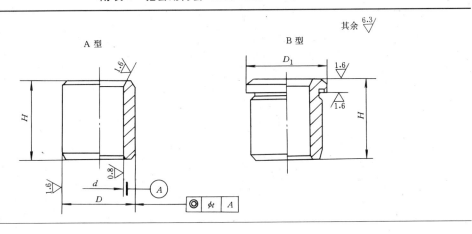

A 型　　　　　　　　　　　　　　　B 型

（续）

d 基本尺寸	极限偏差 F7	D 基本尺寸	极限偏差 n6	D_1	H			t
8	+0.028 +0.013	12	+0.023 +0.012	15	10	16	—	0.008
10		15		18	12	20	25	
12	+0.034 +0.016	18		22				
(15)		22	+0.028 +0.015	26	16	28	36	
18		26		30				
22	+0.041 +0.020	30		34	20	36	45	0.012
(26)		35		39				
30		42	+0.033 +0.017	46				
35	+0.050 +0.025	48		52				

3. 快换钻套

附表 5　快换钻套（GB/T2265—91）　　　　　　　　（mm）

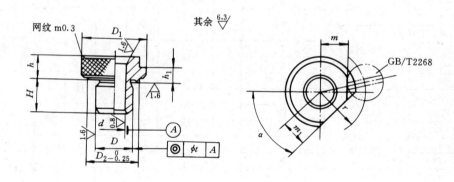

d 基本尺寸	极限偏差 F7	D 基本尺寸	极限偏差 m6	极限偏差 k6	D_1（滚花前）	D_2	H			h	h_1	r	m	m_1	α	t	配用螺钉 GB/T2268
>0~3	+0.016 +0.006	8	+0.015 +0.006	+0.010 +0.001	15	12	10	16	—	8	3	11.5	4.2	4.2	50°	0.008	M5
>3~4	+0.022 +0.010																
>4~6		10			18	15	12	20	25			13	6.5	5.5			
>6~8	+0.023 +0.013	12	+0.018 +0.007	+0.012 +0.001	22	18				10	4	16	7	7			M6
>8~10		15			26	22	16	28	56			18	9	9			
>10~12	+0.034 +0.016	18			30	26						20	11	11			
>12~15		22	+0.021 +0.008	+0.016 +0.002	34	30	20	36	45			23.5	12	12	55°		
>15~18		26			39	35						26	14.5	14.5			
>18~22	+0.041 +0.020	30	+0.025 +0.009	+0.018 +0.002	46	42				12	5.5	29.5	18	18		0.012	M8
>22~26		35			52	46	25	45	56			32.5	21	21			

四、对刀块尺寸

1. 圆对刀块（GB/T2240—91）

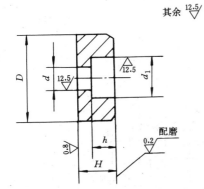

D	H	h	d	d_1
16	10	6	5.5	10
25	10	7	6.5	11

2. 方形对刀块（GB/T2241—91）

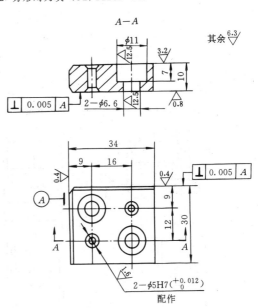

3. 直角对刀块（GB/T2242—91）

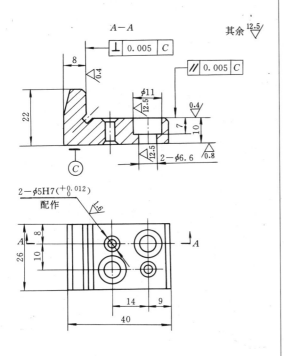

4. 侧装对刀块（GB/T2243—91）

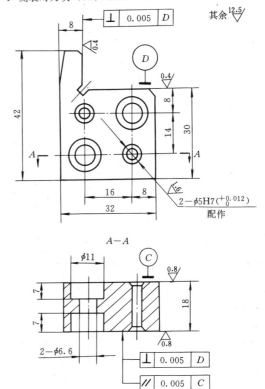

五、定位键尺寸

附表7　定位键尺寸（GB/T2206—91）　　　　　　　　　　　　（mm）

其余 $\sqrt{\dfrac{12.5}{}}$

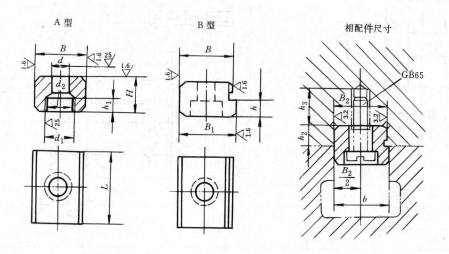

A 型　　　　　　B 型　　　　　相配件尺寸

B			B₁	L	H	h	h₁	d	d₁	d₂	相　配　件						
基本尺寸	极限偏差 h6	极限偏差 h8									T形槽宽度 b	B₂			h₂	h₃	螺钉 GB65
												基本尺寸	极限偏差 H7	极限偏差 Js6			
8	0 −0.009	0 −0.022	8	14	8	3	3.4	3.4	6		8	8	+0.015 0	±0.0045	4	8	M3×10
10			10	16			4.6	4.5	8		10	10					M4×10
12			12	20			5.7	5.5	10		12	12	+0.018 0	±0.0055		10	M5×12
14	0 −0.011	0 −0.027	14								14	14					
16			16	25	10	4					(16)	16			5		
18			18				6.8	6.6	11		18	18				13	M6×16
20			20	32	12	5					(20)	20			6		
22	0 −0.013	0 −0.033	22								22	22	+0.021 0	±0.0065			
24			24	40	14	6	9	9	15		(24)	24			7	15	M8×20
28			28		16	7					28	28			8		

注：1. 尺寸 B_1 留磨量 0.5mm，按机床T形槽宽度配作，公差带为 h6 或 h8。
　　2. 括号内尺寸尽量不用。

六、机床联系尺寸

1. 车床联系尺寸

附表 8　普通车床联系尺寸　　　　　　　　　　(mm)

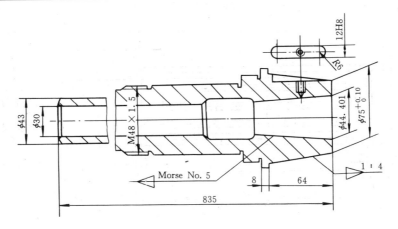

C616、C616A 主轴尺寸

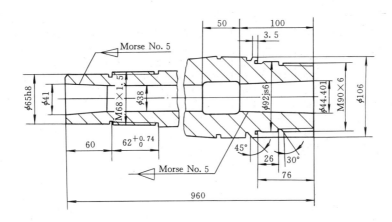

C620 主轴尺寸

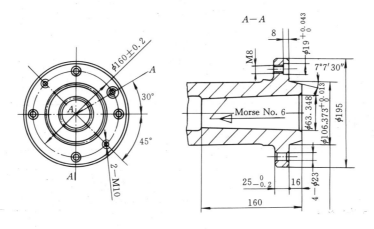

CA6140、CA6150、CA6240、CA6250 主轴尺寸

2. 铣床联系尺寸

附表 9 铣床工作台及 T 形槽尺寸　　　　　（mm）

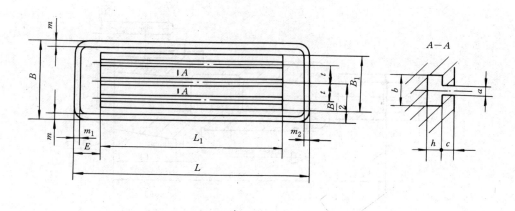

型　　号	B	B_1	t	m	L	L_1	E	m_1	m_2	a	b	h	c
X50	200	135	45	10	870	715	70	25	40	14	25	11	12
X51	250	170	50	10	1000	815	95		45	14	24	11	12
X5025A	250		50		1120					14	24	11	14
X5028	280		60		1120					14	24	11	18
X5030	300	222	60		1120	900		40	40	14	24	11	16
X52	320	255	70	15	1325	1130	75	25	50	18	32	14	18
X52K	320	255	70	17	1250	1130	75	25	45	18	30	14	18
X53	400	285	90	15	1700	1480	100	30	50	18	32	14	18
X53K	400	290	90	12	1600	1475	110	30	45	18	30	14	18
X53T	425									18	30	14	18
X60	200	140	45	10	870	710	75	30	40	14	25	11	14
X61	250	175	50	10	1000	815	95	50	60	14	25	11	14
X6030	300	222	60		1120	900		40	40	14	24	11	18
X62	320	220	70	16	1250	1055	75	25	50	18	30	14	18
X63	400	290	90	15	1600	1385	100	30	40	18	30	14	18
X60W	200	140	45	10	870	710	75	30	40	14	23	11	12
X61W	250	175	50	10	1000	815	95	50	60	14	25	11	14
X6130	300	222	60	11	1120	900		40	40	14	24	11	16
X62W	320	220	70	16	1250	1055	75	25	50	18	30	14	18
X63W	400	290	90	15	1600	1385	100	30	40	18	30	14	18

七、各类装置索引

附表 10 各类装置索引

装　　置	页　数	装　　置	页　数
1. 分度装置	93	5. 联动夹紧装置	135
2. 定心夹紧装置	117，123	6. 铰链夹紧装置	138
3. 气动卡盘	119	7. 手动可调夹紧压板	172
4. 高速回转液压缸	122	8. 液压可调夹紧压板	174

参 考 文 献

1 李庆寿主编. 机床夹具设计。北京：机械工业出版社，1984。

2 东北重型机械学院，洛阳工学院，第一汽车制造厂职工大学编. 机床夹具设计手册。上海：上海科学技术出版社，1988。

3 孙已德主编. 机床夹具图册。北京：机械工业出版社，1983。

4 南京机械研究所主编. 金属切削机床夹具图册（下册）（专用夹具）。北京：机械工业出版社，1984。

5 哈尔滨工业大学，上海工业大学主编. 机床夹具设计（第二版）。上海：上海科技出版社，1989。

6 朱耀祥主编. 组合夹具——组装、应用、理论——。北京：机械工业出版社，1990。

7 王启平主编. 机床夹具设计。哈尔滨：哈尔滨工业大学出版社，1988。

8 林文焕，陈本通编著. 机床夹具设计。北京：国防工业出版社，1987。

9 EDWARD G. HOFFMAN. Jig and Fixture Design. New York：Published by Van Nostrand Reinhdd Company A Division of Litton Educational Publishing Inc，1980.

10 龚定安，蔡建国. 机床夹具设计原理。西安：陕西科学技术出版社，1981。

11 傅承基，杨桂珍编. 机床夹具（第二版）。南京：东南大学出版社，1995。

12 刘守勇主编. 机械制造工艺与机床夹具。北京：机械工业出版社，1994。

13 王喜祥编著. 常用工夹具典型结构图册。北京：国防工业出版社，1993。

14 贵州工学院机械制造工艺教研室编. 机床夹具结构图册。贵阳：贵州人民出版社，1983。

15 孟宪栋主编. 机床夹具图册。北京：机械工业出版社，1992。

16 浦林祥主编. 金属切削机床夹具设计手册（第二版）。北京：机械工业出版社，1995。

17 杨黎明主编. 机床夹具设计手册。北京：国防工业出版社，1996。

18 GB/T2191—91～GB/T2194—91。机床夹具零件及部件。北京：中国标准出版社，1992。

19 钟康民等. 双圆柱定位夹具的结构研究与定位误差计算. 农业机械学报，1994（增刊）。

20 钟康民等. 端面拨盘的结构研究与设计计算. 长春：吉林工业大学学报，1992（8）。

21 刘崇都等. 模块化成组夹具 CAD. 成组技术与生产自动化，1995（3～4）。

22 蒋朝惠等. 计算机辅助成组夹具设计——G.CAGFD 系统. 成组技术与生产自动化，1990（4）。

23 孙厚芳等. 一种标识夹具的新标准——机械加工夹具分类代码系统（WJ/2319—93）。北京：机械工艺师，1996（5）。

24 William E. Boyes. Jigs and Firtures. Dearbon，Michigan：Society of Manufacturing Engineerings，1982.